Social Science
Books

配合《中华人民共和国家庭教育促进法》学习读物

科学家教 优良家风 丛书

○赵 刚
者○李学义

U0577014

家庭

好家庭就是好学校

吉林出版集团股份有限公司
全国百佳图书出版单位

图书在版编目（ＣＩＰ）数据

家庭：好家庭就是好学校 / 李学义著. -- 长春：
吉林出版集团股份有限公司，2022.4（2023.6重印）
（科学家教 优良家风丛书 / 赵刚主编）
ISBN 978-7-5731-1469-3

Ⅰ.①家… Ⅱ.①李… Ⅲ.①家庭道德－中国－通俗
读物 Ⅳ.①B823.1-49

中国版本图书馆CIP数据核字(2022)第056784号

JIATING: HAO JIATING JIUSHI HAO XUEXIAO

家庭：好家庭就是好学校

著　　者	李学义
责任编辑	杨亚仙
装帧设计	刘美丽

出　　版	吉林出版集团股份有限公司
发　　行	吉林出版集团社科图书有限公司
地　　址	吉林省长春市南关区福祉大路5788号　邮编：130118
印　　刷	山东新华印务有限公司
电　　话	0431-81629711（总编办）
抖 音 号	吉林出版集团社科图书有限公司 37009026326

开　　本	720 mm×1000 mm　1 / 16
印　　张	12.5
字　　数	130 千
版　　次	2022 年 4 月第 1 版
印　　次	2023 年 6 月第 3 次印刷

书　　号	ISBN 978-7-5731-1469-3
定　　价	40.00 元

如有印装质量问题，请与市场营销中心联系调换。

好家庭塑造好生活

在所有的社会组织中，家庭是最基本、最持续、最亲密、影响最深远、韧性和适应性最强的社会组织，所以家庭就具备了无可替代的特殊性。家庭对每个人来说，具有其他社会组织所没有的特殊功能，比如情感抚慰、安全互助、生命延续、两性生活、教育感化、信仰寄托，等等。

成家、立业是人生的两大任务，评价一个人的生命质量也是从他的家庭生活与社会评价两个维度展开的。大量事实表明，一个夫妻关系恶化、亲子关系对立的人，即便位高财巨也不容易拥有幸福的人生。因此，作为现代公民，学习建设家庭的必备知识与技能，是成就优质人生的必修课。

家庭是国家发展、民族进步、社会和谐的基石，也是现代教育体系的基点。一个国家要赢得未来，就要赢在教育，而教育的起点发生在家庭，因而，家庭教育就被赋予兴邦安国的崇高使命。"诸事皆可实验，唯教子不可重来。"家庭中，无论父母有多大的成就，教子失败，是人生最大的失败，事业的成功无法弥补家庭教育的失败。

家庭学与家庭教育在发达国家已成为一个重要的学术领域与服务性事业，其功效是为每一个家庭成员认知家庭、建设幸福家庭提供必要的知识与技能，其内涵包括亲职教育、子职教育、婚姻教育、家庭伦理、家政能力、家庭管理，等等。随着中国国际化程度、信息化水平的不断深入与提升，急需提高家庭治理的专业化，以适应国家治理体系与治理能力的现代化。

家庭建设的国家态度既反映一个社会的文明程度，更关系到千家万户，关系到亿万儿童的健康成长，关系到国家的未来和民族的复兴。我国现有的家庭家教家风建设与指导的不足影响了基层社会和国家的治理以及社会的发展，因此，加强家庭家教家风建设，对于促进家长和家庭教育专业人员综合素质的提升，构建覆盖城乡的家庭教育指导服务体系，推进家庭、基层社会和国家治理，建设学习型家庭和学习型社会，具有极为重要的意义。

赵 刚　李学义

写于《中华人民共和国家庭教育促进法》
实施后第一个家庭教育宣传周
（2022年5月）

目 录
CONTENTS

第三章　如何搞好家庭建设

第四章　家庭治理与基层社会治理

第一章
家庭就是房子吗

家庭是社会的细胞，是国家发展、民族进步、社会和谐的重要基点。人们对家庭的认识是随着社会的发展在专家学者的影响下不断提高的。德国伟大的思想家马克思和恩格斯、奥地利心理学家弗洛伊德、美国社会学家伯吉斯和洛克，还有中国社会学家孙本文、费孝通等，都对"家庭"有过精辟的论述。应该说，不同国家、不同民族、不同文化的人对家庭的理解是不同的。

第一节　家庭是什么

家，居也，本义指屋内、住处、住所、住宅；庭，宫中也，宫者，室也，室之中曰庭，本义指厅堂。家庭一词的基本含义是指一家之内，是亲人共同生活的场所。家，上面是"宀"，表示与房室有关，下面是"豕"，即猪。猪是上古时期家庭最先拥有的私有财产。古代生产力低下，人们多在屋子里养猪，所以房子里有猪就成了人家的标志。

一、家不等于房子

家庭就是房子吗？回答是否定的。严格意义上来讲，家和房子是没有必然联系的。但在中国人传统的观念里，家是能够实现居住功能的所在，即房子。房子是指不动的建筑物或不动产，是属于物质的一部分，也是家庭共同生活的载体，是家存在的一个组成部分。房子是空荡荡的，是没有生气的，只有人住在了房子里生活才产生了家，才有了生机。没人的房子只能称为由砖头、水泥垒搭起来的建筑，不能称为"家"。所以人才是最重要的部分！房子≠家。家应该是一个人一生最重要的部分，是心落脚的地方、感情投入的地方，是爱的港湾。

房子是家的必要条件，家是房子的真正意义所在；好房子是我们所追求的，但家才是我们安身立命的根本，才是我们为人父母或为人子女的责任所在。家是一个最小的社会组成单元，它是由亲人、环境、亲情和必要的物质基础构成的，维系家庭需要情感、物质和文化等多个要素。

在美国洛杉矶，有一位醉汉躺在街头，警察把他扶起来，一看此人是当地的一位富翁。当警察说扶他回家时，富翁说："家？我没有家。"警察指着富翁的别墅说："那不是你的家吗？""那不是我的家，那是我的房子。"富翁说。

卢旺达内战期间，有一个叫热拉尔的人，他本来有一个40口人的大家庭，可战争使他的亲人有的离散，有的丧生。当他历尽艰险找到5岁的女儿时，第一句话就是："我又有家了。"

家意味着亲情、温馨和关爱。没有亲情、温馨和关爱，家就是不完整、不完美的。

二、家，应该温馨而快乐

A先生一家5口人，四代同堂，76岁的岳母是他家的最长者，小孙子1岁4个月，是个剪了"贝克汉姆头"

的小帅哥。

A先生5岁丧父，在他16岁时母亲去世，他结婚后，岳母一直和他们同住。"您就是我的亲妈。"A先生对老人说，"我没有亲生父母了，有个老人照顾是幸福。"

2005年，他到美国出差4个月，由于想家，几乎每天都和家人通话，每次岳母都在电话里让他保重身体，催他回家。他们一家相处融洽的秘诀就是孝顺、相互关心。

每天，A先生家最好吃的菜往往会剩下，而味道一般的都被吃光，这是因为他们会把最好吃的留给老人。老人的饭量有限，这样最好吃的菜反倒被剩下了。A先生的爱人说，他们以前工作忙，母亲帮他们带孩子，让他们轻松不少，老人为这个家庭付出了很多，现在他们要反哺老人。

一到晚上，A先生家便举行"演唱会"。A先生吹起笛子，女儿随着音乐引吭高歌，而1岁4个月的小孙子则扭动身体凑热闹，老人在一旁听着也跟着鼓掌。"很多老人会因为寂寞而养狗，我们家根本不需要，天天都很热闹。"

家庭是一个生活单位，人生大部分时间是在家庭度过的，家庭必须给全体家庭成员提供一定的物质生活和精神生活的条件。家庭是历史的产物，它随着社会经济的发展而发展，家庭的基本任务就是满足家庭成员一定的需要。家庭能够给予人们一种亲密感，一种安全感，一种归属感。有了家庭就不会有孤寂，有了

家庭就有了温馨。无论人们在外面有多少烦恼与痛苦，家庭总是一个能够遮风挡雨的温暖而安全的港湾。家庭还是人们歇息、娱乐、恢复体力和调剂生活的场所。

家庭是由婚姻、血缘或收养关系所组成的社会组织基本单位。家庭有广义和狭义之分，狭义是指一夫一妻制构成的单元，广义则泛指人类进化的不同阶段的各种家庭利益集团，即家族。

家庭是亲属关系或类亲属关系中相对较小的户内群体。亲属是指一些有着共同的祖先或血缘的人，包括父母、兄弟姐妹、姑姨叔舅、祖父母、外祖父母、叔伯祖父母、堂（表）兄弟姐妹、远房堂（表）兄弟姐妹等。

从社会设置来说，家庭是最基本的社会设置之一，是人类最基本、最重要的一种制度和群体形式。从功能来说，家庭是儿童社会化、供养老人、性满足、经济合作、满足普遍意义上人类亲密关系的基本单位。从关系来说，家庭是由具有婚姻、血缘和收养关系的人们长期居住的共同群体。

理解家庭这个定义有五个要点：第一，家庭以婚姻关系为基本特征。家庭是婚姻缔结的结果，婚姻是家庭的起点和基础。第二，家庭以血缘关系或收养关系为纽带。由生育或收养而形成的父母与子女的血缘关系或亲缘关系将家庭成员紧紧地联结在一起。第三，家庭以其成员的共同生活活动为存在条件。判断家庭的组成，还应以其成员是否有共同的生活活动和较为密切的经济交往为条件。第四，家庭是人们社会生活的基本群体。人类生活具有群体性，这种群体性决定了每个人只有在群体里并通过群体

才能生存，而家庭就是这样一个基本的生活共同体。第五，家庭是一种法律核准的组织单位。一旦男女双方依照规定领取了结婚证，就意味着一个经法律核准的新家庭的诞生，加入这个小组织的双方就有了法律规定的相关的权利和义务。

三、家庭模式是什么样的

家庭模式，也称家庭类型，是家庭结构和家庭关系的总和或总称。不同的家庭模式取决于不同的社会，家庭模式是与社会的生产方式、生活方式相适应的。

1. 传统的家庭模式

社会学家将传统的家庭模式分为三类：

（1）核心家庭：由夫妻及其未成年子女组成。

（2）主干家庭：由夫妻、夫妻的父母或者直系长辈以及未成年子女组成。

（3）扩大家庭：由核心家庭或主干家庭加上其他旁系亲属组成。扩大家庭曾经是中国人的梦想，人们常常用"子孙满堂"来表述长辈的成功与幸福。但有人指出，中国传统社会以扩大家庭为主其实是一种误解。人们确实是以扩大家庭为理想，但并未普遍存在所谓的扩大家庭。事实上，所谓的扩大家庭主要存在于世族门阀之中，而绝大多数庶民是以核心家庭或者主干家庭为主的小家庭，扩大家庭并不多见。

这是对传统家庭模式的分类，非传统的家庭模式已经远远超

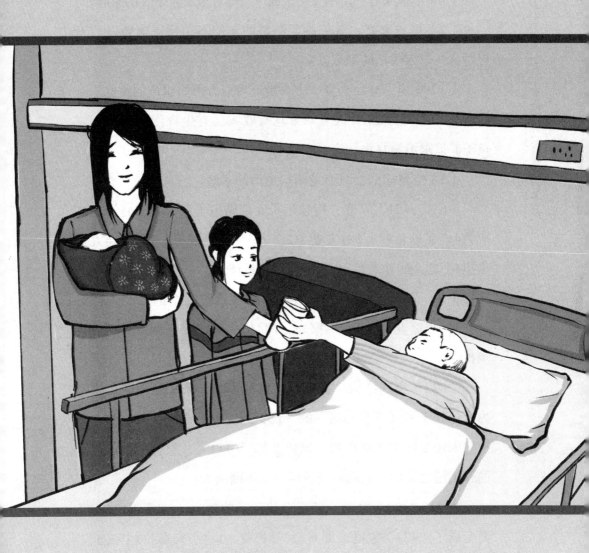

出简单的三分法，正向更加多元的方向发展。

2．非传统的家庭模式

（1）单亲家庭：由单身父亲或母亲养育未成年子女的家庭。

（2）单身家庭：人们到了结婚的年龄不结婚或离婚以后不再婚，一个人生活的家庭。

（3）重组家庭：夫妻一方再婚或者双方再婚组成的家庭。

（4）丁克家庭：夫妻双方均有收入、有生育能力、但不要孩子、追求浪漫自由、享受人生的家庭。

（5）空巢家庭：只有老两口生活的家庭。

（6）"421"家庭：指独生子女结婚生子后，其家庭结构组成为4位父母长辈、1对夫妻（2个人）和1个孩子。2个年轻人要负担4个老人的养老和1个孩子的养育重任。

（7）"422"家庭：随着国家二孩政策的全面放开，许多"421"家庭变为"422"家庭，即4位父母长辈、1对小夫妻和2个孩子。

"422"家庭结构，提高了家庭抗风险和未来照顾老人的能力，但处于家庭"夹心层"的一代，因这种上有老下有小的家庭模式而承受巨大生活压力。家里新添了一口人，衣食住行等方面的开销随之增加，家庭的经济压力也不断增大。

（8）"423"家庭：随着三孩政策的落实，许多"422"家庭变成了"423"家庭，即4位父母长辈、1对小夫妻和3个孩子。

"422、423"家庭日益成为我国基本的家庭模式。

第二节　您了解家庭类型吗

家庭类型是指根据家庭关系或家庭结构的不同进行的分类，可以根据不同的需要，采用不同的标准，将家庭划分为不同的类型。划分家庭类型有许多标准，标准不同，其划分的结果也不同。

一、按角色完整程度划分的家庭

1. 完全家庭

完全家庭是指父、母、子女三者俱全的家庭，而且父、母、子女三者缺一不可。在完全家庭中，有着夫妻之爱、亲子之情，有着传统的天伦之乐。

2. 残缺家庭

残缺家庭是完全家庭的对称型，又称"不完全家庭"，表现为丧偶、离婚、丧子、弃子、无子女等。残缺家庭可分为单亲家庭和单身家庭。同完全家庭的区别是缺少家庭主要成员中父、母、子女的一方或两方，因而未能形成稳定的三角，要么家庭不够稳定，要么存在这样或那样的困难，往往影响家庭职能的发挥。

15岁的中学生小文说："我记事时，爸爸妈妈就经常吵架。爸爸经常摔东西，我曾求爸爸，想让他和妈妈和好，但没有用，他们还是离婚了。我很痛苦，在家没有欢乐，就到外面寻找欢乐，结识了坏孩子。他们叫我打架，我不从，他们就劫住我，打我。我抵抗不过，只好和他们一起干。我知道发展下去危险，但现在自己无心学习，已经坐不住了。"

在生活中，像小文这样父母离异的家庭就属于残缺家庭。残缺家庭会给孩子幼小心灵造成巨大伤害，残缺家庭的家长要给孩子更多的温暖，担负起家庭教育的职责。

二、按权力结构划分的家庭

1. 母权制家庭

母权制家庭与父权制家庭相对，家长由年长的女性担当，与母系继嗣相适应。有不少迹象显示：人类在早期曾有相当长的时期处于母系社会。

云南的摩梭人，至今仍停留在母系社会。年长的女性在家族里掌权。家族的姓氏与财产皆由女性成员来承继。男性成员成长后会入赘去其他女家，但不固定于一家，故称为"走婚"。

在母系社会，性比较自由，更换对象并未被视作不道德。母系家庭会照顾女性成员所生的子女，不管他们的父亲是谁。

2．父权制家庭

父权制家庭是与父系继嗣相适应的一种家庭类型，表现为决定家庭大事的权力由家庭中年长的男子——通常是祖父或父亲掌握。

父权制家庭是古代父权社会的产物。母系氏族社会（母权制）和父系氏族社会（父权制）是氏族社会里既有区别又互相衔接的两个发展阶段。如果说母权制是人类社会的第一个有组织的社会集团的话，那么父权制便是人类跨向文明——阶级社会的第一个阶梯。从母权制向父权制过渡，经历了长期的过程。对中国瑶族原始社会婚姻遗俗的研究发现，从母权制到父权制经过了多种形式的"斗争"。比如，用劳动报酬反对从妻居；用交纳礼银的办法补偿入赘未满的期限；男子入赘后逃婚；为了抗拒从妻居用"抱婚"的办法把姑娘抱回家；等等。

3．平权家庭

平权家庭是指在决定家庭和个人生活方面，夫妻权力、地位平等的家庭。现代社会妇女参加工作，经济独立，法律保护夫妻共同财产，社会倡导夫妻共管家务。平权家庭是现代民主社会的产物。

秀秀与爱人结婚近20年来，一直互信互爱，出现问题就及时沟通，心平气和地商讨解决，在家庭大事决策方面始终坚持"民主平等"的原则，遇到重大家庭事件都要召开"家庭民主会"，征求各位家庭成员的意见，妥善做出决定。

在平权家庭内，父母处于平等地位，共主家政，子女亦可参与决定家务。

三、按经济生活状况划分的家庭

1. 贫困型家庭

贫困型家庭指生活困难、家庭成员平均收入相对低于当地人均收入、家庭收入不能满足生活基本需求的家庭，通常指年人均纯收入低于865元的贫困户。

国家对贫困户的界定，有其严格的划分标准：绝对贫困人口（年人均纯收入低于627元），相对贫困人口（年人均纯收入628—865元），低收入人口（年人均纯收入866—1205元）；一般收入和高收入（年人均纯收入1205元以上）。通常把年人均纯收入低于1205元的家庭人口统称为弱势群体。

幸福的家庭都是相似的，而贫困的家庭各有各的难处。虽然国家打赢了脱贫攻坚战，但是，相对贫困或者返贫的家庭仍然需要社会的帮扶。

2. 温饱型家庭

指饭能吃饱、衣能穿暖，但尚不富裕的家庭。

3. 小康型家庭

指为中国广大群众所享有的，介于温饱和富裕之间的，生活比较殷实的家庭。

4．富裕型家庭

2021年，胡润研究院发布的《胡润财富报告》，把富裕家庭净资产的界限定在600万元。这个600万元是怎么来的呢？其实是因为600万元人民币大约等于100万美元，而在国际社会上，公认家庭净资产超过100万美元就属于富裕家庭了。就是说，家中资产超过600万元人民币的，就可以被认定为富裕家庭。

四、按所在社区性质划分的家庭

1．农村家庭
指居住在农村村组，依靠种地为生的家庭。

2．城市家庭
指在城镇街道居住、生活的家庭。户口登记制度统一后，将不再以农业户口与非农业户口为依据区分农村人口与城镇人口，改为根据居住地的不同来区分城镇人口和农村人口，根据从事的职业区分农业人口与非农业人口。

3．城乡型家庭
指城市人与农村人结婚而组成的家庭。这种家庭的夫妻既有一方落户农村，也有一方落户城市。

4．工矿区家庭
工矿区是一种特殊的资源型城市类型，是因矿产资源开发而兴起、以资源开采加工为主导产业、具有类似城镇的集聚效应、远离中心城区、经济社会功能相对独立的区域。在工矿区居住并工作的家庭就是工矿区家庭。

五、按主要人员职业属性划分的家庭

1．工人家庭

指家庭主要人员的职业属性为工人的家庭，即由依靠务工获取薪金收入的工薪阶层的人员组成的家庭。

2．农民家庭

指农村中以血缘和婚姻关系为基础组成的最基层的社会单位。这种类型的家庭既是一个独立的生产单位，又是一个独立的生活单位。

3．干部家庭

父母、祖父母中一人或多人是国家干部，即现在所说的具有行政编制的正式公务员，这样的家庭就是干部家庭。

4．军人家庭

指父母至少有一方是军人，或者子女是军人的家庭。

5．知识分子家庭

指受过专门训练、掌握专门知识，以知识为谋生手段、以脑力劳动为职业的人组成的家庭。

六、按生育功能划分的家庭

1．生育家庭

指有生育能力、生有小孩的家庭。

2．非生育家庭

指没有生育能力或者有生育能力不生育的家庭。

七、按子女多寡划分的家庭

1．多子女家庭

指一个家庭中有两个或两个以上孩子的家庭。

2．独生子女家庭

指一对夫妻只生育一个孩子的家庭。

八、按关系状况划分的家庭

1．和睦家庭

和睦家庭指由婚姻、血缘或收养关系所组成的社会组织中的每个成员之间相处融洽、夫妻互爱、长幼互亲，家庭中充满欢乐、祥和的氛围，其乐融融的家庭。家庭和睦需要家庭成员真心投入，彼此互相鼓励、互相欣赏、互相支持、互相关爱、互相体谅，有福同享，有难同当，家庭凝聚力与亲和力的作用得到充分释放。

2．不和睦家庭

指夫妻、婆媳和亲子关系紧张，经常争吵，甚至大打出手，每个成员之间相处不融洽，家庭氛围郁闷、压抑的家庭。

3．解组家庭

指正常家庭生活过程中断，家庭成员关系紧张、冲突激烈而导致家庭破裂状态的家庭。

上面是家庭划分的几种基本类型，在实际生活中，家庭类型往往不是单一的，而是复合或重叠的。例如，某一家庭，既是核心家庭，又属于城市家庭范畴，还可能是生育家庭或不生育家庭。正因为这样，我们了解家庭、熟悉家庭，乃至分析研究家庭，不能仅从某一方面、某一类型去考察，必须把握各种家庭类型的特征，注意它们之间的相互影响。

第三节　您知道家庭有哪些变迁吗

在人类历史上，家庭的形态经历了血缘家庭、普那路亚家庭、对偶制家庭、父权制家庭和一夫一妻制家庭五个阶段。家庭变迁涉及政治、经济、文化、社会等各种关系在家庭时空内的重构，这种重构必然会给构成社会的基本单位——家庭带来剧烈的冲击，使长期较为稳定的传统家庭在社会生活中的活动范围、空间、内容和主体发生一系列变化。家庭作为社会的构成单位，它的变化是有目共睹的。从四世同堂的大家族到三口之家的小家庭，从三妻四妾的夫权至上到妇女能撑半边天，家庭的变迁体现着人类观念的更新和社会的进步。

家庭是社会的缩影，是历史的变化着的社会现象。家庭的变迁是随着社会生产力、生产方式的发展而变更的。当代中国家庭经历着人口与家庭的双重变迁，每10年一次的全国人口普查和每5年一次的全国1%人口抽样调查，可追踪到每户家庭的变化轨迹，并从中透视中国的社会经济发展和现代化进程。第七次全国人口普查（"七普"）数据呈现出五大新特征新趋势：老龄化、少子化、不婚化、城市群化、阶层固化。

一、核心家庭已成为我国主要的家庭类型

中国的家庭模式，正从四世同堂转变为夫妻二人带娃的核心家庭。核心家庭是指由已婚夫妇和未婚子女或收养子女组成的家庭，核心家庭结构在我国约占70%。

最初的核心家庭是独生子女家庭，二孩政策放开以来，许多家庭有了二宝。玲玲家的大宝和二宝是两姐妹，相差不到两岁。二宝的出生给玲玲带来了快乐，同时也增加了负担，多了"两个孩子相处不和谐"的烦恼。

二、丁克家庭有增长的趋势

"丁克"意为"双收入，无子女"，丁克家庭是指夫妻双方在无生理因素的影响下，自愿选择不生育的家庭。

刘先生和妻子结婚已经二十余年，至今无儿无女，大家都以为他们夫妻没有生育能力。对于周围的亲朋好友的种种疑云，刘先生直言，他们其实是不想要孩子。现在，不用替儿女操心的他们，生活十分自由，经常旅行，身体也健康，经济上也比较宽裕。他们计划着等到老得走不动路的时候，就一起去养老院。

据一项社会调查数据显示，目前，在中国的大中城市里，丁克家庭数量正在增加，已经突破70万，并且上涨的趋势越来越快。即便是国家已经全面开放二孩，但是选择不生二孩，甚至不生孩子的人却越来越多。

三、不婚族队伍正日渐强大

随着时代的进步和变化，年轻人不婚不育观念日趋普遍。"90后""00后"更向往独立、自由，享受离开父母独立居住的生活，一人户家庭数量、比例均有增加。

"七普"数据显示，2020年我国（大陆地区）平均家庭户规模为2.62人，比2010年的3.10人减少了0.48人，已跌破"三口之家"的数量底线。

四、空巢家庭不断增多

所谓"空巢"，是指家庭中因子女外出工作学习老人独居的一种现象。空巢家庭是指子女长大成人后从父母家庭中相继分离出去，只剩下老年一代独自生活的家庭。

全国老龄委数据显示，我国老年人口年均增长1000万左右。在上海、福建和浙江开展的中国家庭动态调查显示，60岁及以上老年人口中超过一半生活在空巢家庭，80岁及以上老年人口处于空巢状态的比例依然高达4成。随着独生子女的父母逐步进入老年阶段，空巢家庭比例还将快速上升，对家庭功能产生深远影响。

五、失独家庭不容忽视

"失独家庭"指独生子女死亡，其父母不再生育、不能再生育和不愿意收养子女的家庭。

目前，我国至少有100万失独家庭，且每年以约7.6万的数量在增加。

家庭：好家庭就是好学校

> 65岁的刘玉莲（化名）总会在每年的2月24日去陵园祭拜，因为2007年的2月24日，她的独子因为车祸身亡，而她丈夫因为无法接受白发人送黑发人的悲剧，在随后不久也因病去世了。

失独之痛，并非一家之殇。在人们的身边存在着这样一个特殊的群体，他们年龄大都在50开外，疾病或意外让他们在遭遇"老来丧子"人生大悲之后，独自承担养老压力和精神空虚。与一般空巢家庭相比，他们的思想包袱更为沉重。这个特殊群体正面临着各方面的困境，如何让失独家庭走出困境，抚平失独老人的创伤，这些问题已不容忽视。

2013年12月26日下午，国家卫计委等5部委发出通知，自2014年起，将独生子女伤残、死亡家庭特别扶助金标准提高到：城镇每人每月270元、340元，农村每人每月150元、170元，并建立动态增长机制。中央财政按照不同比例对东、中、西部地区予以补助。

2021年3月9日，全国人大常委会委员、北京市政协副主席、台盟北京市委主委陈军呼吁，应适当调高失独家庭经济扶助标准，成立专项帮扶基金，建立多元化养老模式，加强心理救助，妥善解决失独家庭面临的养老问题。

中国老龄科学研究中心副研究员王海涛提出，应加强对失独家庭的分类指导，如果是经济能力较强的，可以重点在精神慰藉上予以帮助，比如开展心理辅导、义务巡诊、临终关怀等多元化服务。如果是经济上有困难的，应该加大扶助力度，保证他们衣食无忧。当他们需要入住养老院时，应当为其提供优先入院的机会。通过政府和社会各界的共同努力，让失独群体过上幸福生活。

不管怎样，随着中国人口老龄化的加速，养老问题已不单是一个道德问题，更是一个法律问题。伴随家庭规模缩小和子女相对减少，必须改变家庭养老的传统模式。对那些失独家庭，政府和社会更有责任及时采取措施，完善社会化养老和救助机制，合力帮助他们在社会的关爱中找到心灵的慰藉，安度晚年。

六、人口流动家庭化趋势明显

人口流动主要是指农村人口离开户籍所在地到其他地级市城市打工的情形，家庭成员中有两人以上到市外居住的为流动人口家庭。农民工携妻带子、全家迁入城市，就是人口流动的家庭化。

　　我国流动人口发展报告调查数据显示，在我国流动家庭中，户平均规模保持在2.5人/户以上，在已婚流动人口中，夫妇共同流动的比重为85.5%，而流动人口中0—17岁子女随同流动的占比为65.6%，这表明夫妇共同流动和夫妇携子女共同流动是当前家庭流动的主要模式，反映在流入地家庭结构的变化为小型户、微型户占比进一步扩大。

　　人口流动的家庭化趋势是人口流动的新现象，在它之前社会流动主要是个体化的方式，很少有家庭成员的同行。然而，最近十多年来，人口流动已转变为家庭化的流动。

　　　从吉林去广州做生意的小何说：前些年接手做饭店生意，由于东北菜很受欢迎，生意也就越做越大，一家人根本忙不过来。我跟家里联系，我哥让我嫂子先过来在饭店帮忙，过了两个月，哥哥安排好了家里的事情也过来了。我们寻思着扩大规模，就联系老家的父母，于是我父母也来了，后来我老丈人和丈母娘也来了，我们就开了分店。一大家人在一起，相互有个关照，生意上有商有量，感觉非常开心。

　　应该说，小何的家庭团聚是一个庞大的家庭聚合过程，家庭成员的异地团聚，不仅是生活方式的改变，还同时出现了一种经济合作方式：家庭的集体协作。这种家庭化流动带来的家庭经济协作不断积累了物质财富，改善了家庭的生活水平和质量，给子女提供了更好的受教育机会。

七、人口向城市群、都市圈集聚

"七普"数据显示，人口进一步向经济发达区域、大都市圈、城市群集聚，但分化加大，东北、西北人口持续流出。改革开放以来，中国人口迁移经历了从"孔雀东南飞"到2010年后的回流中西部，再到近年的粤浙人口再集聚和回流中西部并存。城市层面，人口持续向少数核心城市集聚。

八、家庭变迁在其他方面的表现

第一，从抚养儿童来说，由改革开放前的追求子女数量变为追求质量，抚育层次提高。第二，赡养老人的要求降低了，更多老人独住或住到养老院或退休去社区等。第三，女性参加工作，导致女性顾家时间少，需要男性平衡；女性地位上升，经济上对男性的依赖减少。第四，从感情陪伴来讲，一方面，人际孤独感增加，对感情陪伴的需要增加了，婚姻的主要功能成了提供最亲密的关系。另一方面，双方的纽带少，共处（较之事业及其相关人）少，对爱和婚姻的期望高，观念开放（社会压力减少），使得联系容易散。第五，离婚率在增加。2021年全国各省离婚率出炉，7成以上省份离婚率超过了30%，东北三省占据前三甲，吉林省以71.51%位列第一。这组数据令人震惊。结婚是一件非常

神圣的事情，男女一旦决定结婚，就意味着不能轻易背弃对方。所以，以前的男女一旦结婚，是不会随意离婚的，离婚的现象也很少见。但是，现在的情况好像完全变了。现在结婚、离婚的主流人群是80后、90后。这两代人大多是独生子女，他们没有兄弟姐妹，生活方式比较自由，也更加在意个人感受。这导致他们结婚以后，很难互相礼让，夫妻之间容易有矛盾，矛盾也不容易解决。所以，容易走向离婚。第六，从经济上来看，家庭主要经济功能体现在生产、消费、财产处理等几方面。儿童、老人变成经济消费的主力。随着离婚率升高，社会养老保障机制尚不完善，抚养、赡养、继承、分配、亲情纠葛等新矛盾日益突出。《中华人民共和国民法典》婚姻家庭编中对财产的规定也更加详尽。在经济观念上，性别的、代际的和经济的独立、平等与民主意识正在日益增加。第七，从生产的角度来说，一个是人口再生产，一个是物质再生产。物质生产是为了满足生息的需要，而人口再生产是为了满足人类繁衍的需要。物质再生产属于经济方面，而人口再生产往往被归结为文化方面。物质生产的方式决定繁衍的具体结构，人口再生产自古到今依次是公社部落方式、家庭方式，这还不包括次生的各种方式，如单亲、家族等。物质生产方式的演变未终结，人口繁衍的方式演变就未终结。家庭并不是最后的存在方式。

第四节　说说家庭功能

家庭功能亦称家庭职能，就是家庭对于人类的生存和社会发展所起的作用，其内容受社会性质的制约，不同的社会形态，构成不同的家庭职能，有些职能是共同的，是任何社会都具有的，有些职能是派生的。随着社会的发展，家庭的功能不断地变化，家庭对于人类生存和社会发展所起的作用是家庭存在的社会根据。家庭自产生以来，就承担着多种功能。《中国大百科全书》（第二版）从九个方面概括了家庭的主要功能。

一、经济功能

雷先生家的院子原本空荡荡的。上世纪90年代末，偶然听说邻村亲戚卖树苗收入不错，夫妻俩主动上门学习技术，还将房前屋后的空地和一亩多田地全部种上果树苗。2004年，他们种植的第一批树苗出圃，挣了3000多元。

2010年，夫妻俩拿出积蓄，流转10亩土地，发展真正的苗圃基地。为引进合适的品种，雷先生把自家庭院当试验田。如今，基地每亩苗木产值近万元。他们承接

了周边的绿化工程，年收入6万余元，不但盖起两层楼的新房，还新买了一辆车。

家庭是一个生产单位，占有生产资料，组织生产劳动，具有生产、分配、交换、消费等多种经济功能。工业革命以来，社会化大生产代替了以家庭为单位的生产，家庭的生产功能弱化了，但没有完全消失。现代社会，包括一些发达国家和地区，大部分家庭不再是生产单位，但仍然是消费单位。在农业生产和其他领域仍有部分家庭是生产单位，保留着比较完整的经济功能。

二、生育功能

李先生30岁，妻子任女士29岁。夫妻俩结婚已近5年了，家中有一个3岁的活泼可爱的儿子。谈及计划生育问题，李先生说："还是一个孩子好，我们夫妻俩整日忙得不可开交，不会生育二孩了。"谈话中得知，李先生1998年高考落榜后回乡务农，当时曾失落了好一阵子，后来在乡、村的支持下，办起了一个小型养鸡场，年出售鸡蛋60多万个，纯收入6万多元。任女士也是一名高中毕业生，共同的志向使夫妻俩决定专心发展养殖业，好好培养孩子，坚决不要第二个孩子。

从人类进入个体婚制以来，家庭一直是一个生育单位，是种族延续的保障。家庭的生育功能包括生殖和抚育两个方面：生殖是指新生命的诞生，抚育是指父母对于孩子的养育和保护。

在传统的大家庭中，生育是家庭主要的功能，传宗接代是家族的一件大事。随着独生子女政策的实施，我国进入了少子化时代，虽然现在二孩三孩政策出台了，但是，许多年轻夫妇不想生二孩，人口出生率仍在下降，从数量上看，家庭的生育功能显著弱化。然而，人口再生产不仅要控制数量，更要关注优生优育，提高出生人口的素质。

三、教育功能

李某夫妇二人开了一家颇有名气的特色饭店，平时生意繁忙，对于正在上初中的女儿除了给足生活费和零花钱外，很少给予其他的照顾与教育。李某夫妇常说的话就是："孩子在学校有老师教育，回家有保姆做饭，过马路的时候不走人行横道警察叔叔还得问一问，我们父母就不用操什么心了！"

第一章　家庭就是房子吗

像李某夫妇这样的监护人在日常生活中不在少数，特别是一些工作忙的监护人常有这样的想法，将监护未成年人的权利和教育责任完全推给了学校和社会。这就弱化了家庭教育的功能。许多家长把孩子的教育看作学校的事，对学校教育的情况和孩子的在校表现不闻不问，这是一种不负责任的表现。

四、两性生活功能

有对夫妻，都是大学毕业生，结婚多年不生育。医生一了解，原来他们结婚以来从未性交过。他们以为男人、女人只要睡在一起，就会生育的。

这对夫妻由于"性盲"，不仅影响了两性生活的功能，还影响了家庭的生育功能。两性生活是家庭中婚姻关系的生物学基础。两性生活既和生育等行为密切相关，又是夫妻关系和家庭生活不可缺少的组成部分。

五、抚养与赡养功能

具体表现为家庭代际关系中双向义务与责任。抚养是上一代对下一代的抚育培养；赡养是下一代对上一代的供养帮助，这种功能是实现社会继替必不可少的保障。

谭先生的母亲身患尿毒症，病情严重需要做肾移植手术。谭先生思考再三，决定将自己的一个肾脏移植给母亲。他担心母亲会拒绝，就与家人商量，和医生说明情况，瞒着母亲，手术很成功，但老母亲至今不知道捐肾的"大善人"竟是自己的亲生儿子。医院接受过几百例捐肾手术，子女给父母捐肾的这是唯一一例，多数都是父母给子女捐献。谭先生的做法让医生很敬佩，家人很感动。

"百善孝为先"，孝作为最基本的爱心，是一个人安身立命的根本。作为子女，应在力所能及的范围内，对老人给予经济上的供养、生活上的照料和精神上的慰藉。这既是作为子女应尽的义务，也是家庭的一个功能。

六、感情交流功能

有个孩子，自小体弱多病，出现感统失调症状，还被确诊为多动症，9岁了还无法与人正常交流。心理咨询师建议：妈妈每天放下手机与孩子专注并亲密互动15-30分钟，每天早上和睡前抚摸孩子的背部，最少坚持三个月。结果，不到一个月，妈妈反馈回来的消息是，孩子语言表达能力和情绪缓和明显改善，整整一个月都没有生病。

家庭是人际交往的场所之一，是情感交流和寄托的地方。家庭中的情感交流是人的精神生活的重要组成部分。在现代社会，对成人和孩子来说，家庭是情感陪伴的主要场所。对儿童来说，缺少父母的关爱会导致智力、感情、行为等方面的成长都受到伤害。对成人来说，虽不会因缺爱而死，但也需要感情的关怀。就现状而言，家庭规模日趋微化，新婚夫妇日趋单独居住，这迫使家庭成员在情感和陪伴上彼此深深依赖。提供情感和陪伴已成为现代家庭的核心功能。

七、休息与娱乐功能

王先生说，大年初二下午，他们全家的春节传统节目——文艺表演拉开了帷幕。侄子当主持人，全家参与表演节目，有二胡独奏、歌曲、歌伴舞、双簧……侄子主持风格大方，诙谐机智，儿子也受影响，慢热起来，融入其中，他和哥哥的双簧表演，是大家最爱看的经典节目。

他们全家都喜欢这样的家庭文化大餐，这里包含着亲情的沟通、自我的展示、互相的欣赏。家庭小舞台让他们拥有了宝贵的财富。

这样的家庭是温馨快乐的。家庭是人类社会生活的基本单位，既是人栖息的场所，又是娱乐的地方。人们在家庭中通过休闲、娱乐和自我发展，提高生活质量，增加生活乐趣，实现生活目标，得以恢复和提高智力、体力，然后重新回到生产劳动中去，实现劳动力的生产和再生产。

随着现代公共设施的发达以及娱乐的商品化，家庭的文娱功能在现代社会也出现部分外移，如到电影院、剧院、音乐厅、舞厅和体育馆去进行文化娱乐活动等。但随着电视机、音响设备等走入普通百姓的家里，运用电视机、录放机、收音机、电脑等可以在家学习现代知识，了解国内外时事信息，观看文体和新闻节目，在家里自娱自乐，这种家庭的娱乐方式进一步加强了家庭成

员的接触和联系，深化了家庭情感。

八、宗教功能

家庭曾是人类最初的教堂，宗教信仰的发生与传授、宗教仪式的学习多半是在家庭中开始并以家庭为中心的。对于信奉宗教的国家和地区来说，家庭的宗教功能不可忽视。

九、政治功能

家庭曾是一个"小型政府"，家长是家庭的统治者，具有权威地位。家庭生活的组织和维持依靠家长，家庭成员服从权威习惯的形式最早也来自于服从家长。现代社会家长制解体，但家庭脱离不开社会的政治生活，被社会的政治生活所影响，在社会急速变迁时期表现得更为明显。

第五节　家庭角色什么样

角色，指演员扮演的剧中人物，也比喻生活中某种类型的人物和戏曲演员专业分工的类别。美国社会学学者凯利认为，人一生扮演的角色可以分为两种，一是天赋的角色，二是获得的角色。天赋的角色即人们不需要努力就可以扮演的角色，如父母的角色、子女的角色等，而获得的角色则指人们经过接受教育和职业训练后获得的角色，如职业角色等。

一位中年男人，在家里，他上有老下有小，对父母来说他是儿子，对岳父岳母来说他是女婿，对妻子来说他是丈夫，对儿女来说他是父亲，对于弟弟妹妹来说，他是哥哥；在工作中，他是银行职员、先进工作者、中共党员；在日常生活中，去商店他是顾客，去公园他是游客，等等。由此可以看出，人处于一系列关系之中，一个人在生活中扮演的角色不胜枚举，但是，一个角色不能代表一个完整的人，只能代表一个人的一部分。人是一系列角色的集合，社会学将个人所承担的角色总和称之为"角色集"。在家庭生活中，乃至社会生活中，每个人都是一个角色集。

一、认识家庭角色类型

1．先赋角色和自致角色

所谓先赋角色是指建立在血缘、遗传等先天的或生理的因素基础上的角色。如一个人一出生就被赋予了种族、民族、家庭出身、性别等角色。所谓自致角色是指人们通过个人的活动与努力而获得的角色。如我国绝大多数人的婚姻都是自致角色，是婚前寻找和选择的结果。

2．规定性角色和开放性角色

所谓规定性角色是指对角色行为有比较严格和明确规定的角色。如警察、法官、党政干部、党团员等。所谓开放性角色是指那些对角色行为没有严格、明确规定的角色，角色承担者可以根据自己的理解和社会对自己的期待去履行自己的角色行为。父母、夫妻、婆媳、翁婿、子女、祖孙、姑嫂、妯娌等一系列的家庭角色，基本上都是开放性角色。

规定性角色和开放性角色的划分不是绝对的，而是相对的。开放性角色虽然也有一些明确规定的角色规范，但主要是受风俗、习惯和道德等社会规范的影响。

3．自觉的角色和不自觉的角色

矫先生是刚上任的新干部，由于刚刚充当领导角色，他对新的行为规范还不完全适应和熟悉，因而努力克制自己，以适应新角色的要求。我们说，矫先生上任伊始扮演了自觉角色。所谓自觉的角色是指人们在担当某种角色时，明确意识到了自己正担负

着一定的权利、义务，并自觉地按社会所规定的角色规范尽职尽责地实践角色行为。所谓不自觉的角色主要是指人们担当某一角色时，并没有明确意识到自己正在充当这一角色，而只是按自己习惯性的行为去做。如，一个甩手掌柜、只养不教的父亲，就表现为一种不自觉的角色。

角色是自觉好还是不自觉好，不能一概而论。这两类角色各有优缺点。

二、认识角色规范

人们在社会生活中充当着多种不同的角色，因不同的社会要求，必须遵循为人们普遍接受的行为准则，这便是"角色规范"。人们扮演某一角色，就应该按照那个角色所要求的行为规范去为人处世。角色不同，言行举止也应该有所不同。

有个9岁的小男孩，一天他在同桌的书桌里发现了100块钱，他悄悄地将这100块钱藏在了自己的书包里，最终被老师发现。老师非常气愤，于是叫来了孩子的家长，小男孩的家长急匆匆赶到学校，对于孩子偷窃的行为感到非常生气，那个家长当着孩子同学的面对他拳打脚踢，孩子再也无法面对家长、同学和老师，于是打开教室里的窗户，从4楼跳了下去，当场死亡。

《中华人民共和国家庭教育促进法》第二十三条规定："未成年人的父母或者其他监护人不得因性别、身体状况、智力等歧视未成年人，不得实施家庭暴力，不得胁迫、引诱、教唆、纵容、利用未成年人从事违反法律法规和社会公德的活动。"《中华人民共和国未成年人保护法》也规定，"禁止对未成年人实施家庭暴力，禁止虐待、遗弃未成年人"。全国妇联、教育部下发《家长家庭教育基本行为规范》第三条规定："保护子女合法权利，尊重子女独立人格，注重倾听子女诉求和意见，不溺爱，不偏爱，杜绝任何形式的家庭暴力，根据子女年龄特征和个性特点实施家庭教育。"这是明文规定的家长角色规范。从上述规定可以看出，家长打孩子，不仅违反了国家规定的家长角色规范，而且也违反了国家法律。

角色规范主要有两种表现形式：一种是以书面形式或法律条文规定下来的行为准则。这些规定是做父母或做子女的必须遵循的行为规范，法律明文规定的行为准则具有极大的约束力和强制力，它是角色规范的高级形式。另一种是不成文、约定俗成的行为规范。它往往表现在社会公德、社会习俗、社会传统之中。例如，在服饰穿着上，男性角色和女性角色是有所不同的。从角色规范的两种形式来看，约定俗成的为多，且大都具体化到生活中的每一个细节，渗透在日常生活的人际关系中。总之，角色规范有不同的形式、不同的层次，它对人的行为举止具有重要的调节作用，人们正是根据角色规范来评价他人、选择行为方式的。

三、家庭角色的失调

不论是天赋的角色，还是获得的角色，由于各种各样的原因，人们的角色扮演并非是一帆风顺的，而是常常产生矛盾，遇到障碍，甚至遭受失败，这就是角色失调。家庭中常见的角色失调现象有下面几种：

1. 角色紧张

如果某个人所担当的几个角色同时对一个人提出各种不同的要求时，就会出现顾此失彼的情况。例如，作为学校的教师，王某每晚要备课、批改作业；作为女儿，王某每晚还要到医院看望并护理老母亲；作为家庭主妇，王某又要做好家务，做好全家人的晚餐；作为母亲，王某还要辅导孩子的学习，等等。这种个人在其角色扮演的实际过程中所引起的在时间和精力上的紧张情形，社会学上称之为"角色紧张"。造成角色紧张的原因是许多角色同时对一个人提出各自的要求，使个人的时间和精力在分配上发生矛盾。

2. 角色冲突

人们在角色扮演中，由于不同角色规范的不同要求，个人的几个角色或同一角色内部发生了矛盾、对立和抵触，这种情形我们称之为"角色冲突"。

角色冲突的四种类型：

（1）角色内部冲突。是指发生在同一个人所扮演的同一角色内部的冲突。例如，母亲在儿子作业多与早睡（关心学习与健康的矛盾）之间做出选择时，角色内部冲突便产生了。

第一章　家庭就是房子吗

（2）新旧角色冲突。大学毕业参加工作（如当老师，则旧角色：学生；新角色：教师）、结婚前后、退休前后等，都会引起新旧角色的冲突。

（3）多重角色冲突。是指发生在同一个人所扮演的不同角色间的冲突。通常表现在三个方面：

其一，因超负荷，角色紧张而引起。由于人的生理、心理承受能力有限，当个体扮演的众多角色超越了其承受能力时，就会出现角色"超负荷"，引起心理紧张，由此导致角色冲突。例如，一个中年女医生，作为母亲，她要照顾孩子；作为妻子，要关心丈夫；作为儿媳，要侍奉公婆；作为医生，要救死扶伤，等等。这样多的角色会使她分身乏术，超过了她的负担能力，因而角色冲突不可避免。

其二，因两个角色不同的角色规范相互矛盾而引起。当一个人身上两个不同角色的规范相互矛盾时，便会产生角色冲突。例如，当儿媳与婆婆发生矛盾时，兼儿子与丈夫于一身的男子，既要维护母亲的面子，又要顾及妻子的情绪，如果不能两全其美，难免会做出痛苦选择，表现为丈夫角色与儿子角色之间的矛盾和冲突。

其三，因工作角色与家庭角色之间的矛盾而引起。为工作忘家，顾家影响工作，难免顾此失彼。

2008年5月12日汶川大地震发生时，震区正在高中课堂讲课的范美忠老师，丢下学生先行逃生。事后他说，他的女儿才7个月，他不能丢下他的女儿，只有为了自己的女儿，他才考虑牺牲自我。因为其自私的行动再加上自私的言论，谩骂如暴风雨般袭来，教育部公开表态要吊销其教师资格证。他也被扣上了"范跑跑"的称呼。

这个老师，就是没有处理好"教师"与"家长"角色的冲突。

（4）角色外冲突。是指发生在两个或两个以上的角色扮演者之间的冲突。例如，丈夫认为妻子的角色应以家务为主，而妻子则认为应以事业为重，这样就会发生冲突。

3．角色混同

是指角色承担者不遵循A角色的规范要求，而用B角色的行为方式去充当A角色，从而颠倒或混淆了角色间的行为准则和要求。由于每一个人都是一个角色集，在角色集中不同的角色各有其独特的角色规范，如果忽略或取消了彼此间的区别，则角色混同便不可避免。

老李是某局局长，对于儿子提出的要求，他常常不自觉地说："这事得和其他同志研究研究。"为此，他多次受到妻子的批评。在这里，老李有两个角色，在单位是局长，在家是家长，在儿子提出要求时，他却扮演着局长的角色进行回答，属于角色混同。

4．角色失败

指角色扮演过程中发生的极为严重的角色失调现象。角色扮演无法成功，或半途而废，或步履维艰。

家庭角色失败的情况：一是角色的承担者不得不半途退出角色，例如，夫妻双方的矛盾发展到不可调和的地步，无法继续生活下去，只好离婚，离婚后，双方的夫妻角色便停止了；二是角色扮演者虽然没有退出角色，但其角色扮演已经失败了，例如，

第一章　家庭就是房子吗

子女违法乱纪，虽然父母仍处于父母角色的位置上，但他们的扮演已被实践证明是不成功的。

四、家庭角色的调适

一般来说，角色紧张、角色冲突、角色混同、角色失败等四种角色失调的情形，都会造成角色实践与角色期待之间的差距，我们应该尽量想办法减少各种失调现象，缩小角色差距，协调角色实践与角色期待之间的关系。这一过程，我们称之为"角色调适"。家庭角色调适包括社会调适、他人调适和自我调适三个方面。

家庭角色的社会调适主要包括：第一，举办各种短期培训班，如婚前教育等。第二，减少个体过多的社会兼职。第三，关心职工的生活。

家庭角色的他人调适主要是：第一，调适家庭环境。良好的家庭环境有利于各种家庭角色出色地表演。第二，调节角色期待。角色期待是一种推动力，可以对角色的行为起促进作用。

家庭角色的自我调适主要包括：第一，增强角色意识，学习角色的权利、义务，了解角色的行为准则及所需要的技能。第二，通过主观努力，弄清角色期待的真正含义，以调整自己的角色行为。第三，加强文化修养，树立正确的价值观，以便在角色冲突不可回避时，能够做出正确的角色选择。第四，实现家庭生活、工作安排和时间管理的科学化。第五，认清自己身上所有的角色，并随环境的改变及时自觉地进行角色转移。

家庭：好家庭就是好学校

第六节　幸福家庭是什么样子的

拥有一个幸福美满的家庭，是每个人的愿望。造就一个幸福的家庭，是人生最成功的事业！幸福是人生的主题，人的生活以幸福为目的。经济的快速发展，让一部分人富裕起来了。可是，富起来了并不能完全解决家庭幸福的所有问题，有钱了，很多人一样还在为个人情感、家庭矛盾、身体健康等原因而烦恼，有些人虽然腰缠万贯、身居高职，却家园破碎。可见，幸福不仅仅等于有钱，一个人的幸福也不等于家庭幸福。实际上，幸福是心情舒畅的一种感觉，表现为快乐、甜蜜、舒服、轻松、自由、祥和、知足、开朗、豁达、安全、梦想、追求、成功等。全家人都能获得这种美好的感觉，则这个家庭可以当之无愧地冠名"幸福家庭"。

列夫·托尔斯泰说过，"幸福的家庭都是相似的，不幸的家庭各有各的不幸"。

中国人口宣教中心、中国社科院发布的《中国家庭幸福感热点问题调研报告》称：70%的中国家庭觉得比较幸福。调查显示，"家人身心健康""与父母关系和谐""与邻里关系融洽"和"中等收入水平"的家庭要比其他家庭更幸福一些。有意思的是，收入并没有出现在"幸福感最强的家庭"的选项中，而人们

的幸福感也没有随着收入的提高而增加，高收入家庭的幸福感甚至比不过中等收入的家庭。让人意想不到的却是"邻里关系融洽"成为"最幸福家庭"的一项指标，而与邻居"从不来往"的人幸福感要差很多。调查者分析认为，邻里关系融洽不仅让人感觉幸福，更让人感觉安全。这也从另一个角度显示出安全感是家庭幸福的重要指标。

一、美满的婚姻是家庭幸福的基石

小红说：我结婚10多年了，夫妻感情一直很好，虽然别人都说我老公没出息，但是在我眼里他是最好的。他在事业上没有取得什么大的成绩，平时下了班就回家和我一起煮饭带娃，生活没有太大惊喜。偶尔吵架、拌嘴，每次他都让着我。偶尔我也会觉得他没有别人的老公能干，但是我明白能干的老公不一定适合我。能干的老公不一定会次次迁就我，能干的老公不可能天天陪着我，帮我做家务。老公虽然对事业没有很大追求，但是他懂生活，跟我刚好互补。找老公，不就是为了找个人陪自己快乐地过完这一生吗？婚姻幸福的真谛大概就是知道自己想要什么，知足自己拥有的，而不是羡慕别人拥有的。

每个人的生活理念不一样，对幸福的定义也不同。无论婚姻模式是什么，不管在别人眼里怎样，只要清楚自己在婚姻里要的是什么，也明确自己在婚姻中扮演的角色，并且为之努力，就会有幸福感。婚姻中有一个致命问题，就是身在福中不知福。婚姻忌讳比较，更害怕不知足。婚姻中最大的幸福，就是珍惜现有的生活，懂得知足，懂得回报。总之，有爱的婚姻才有幸福可言。美满的婚姻，才是家庭稳定幸福的基石！

二、寻找家庭和事业的平衡点

美籍华人、雅芳全球董事会主席钟彬娴女士有一双儿女，她坦言：照顾子女和工作有时候会有时间上的冲突，但她总能够分辨清哪一个是当务之急。一天，钟彬娴接到两份不同的邀请：一份发自白宫，是美国总统要召见她；一份来自学校，是女儿让她陪自己参加一场比赛。面对两个都很重要但又不能同时参加的邀请，钟女士没有多加考虑，她毅然放弃了前者，选择了后者。媒体问她为什么选择到学校去陪伴女儿参加活动，钟女士的解释是：今日不去见总统，今后还有的是机会。而对于女儿来说，什么时候都不能让她失望，不能让女儿为此事抱怨自己，那样自己会后悔一辈子。这就是一位西方工商界成功女性对待子女的态度和做法，她不仅看重自己的事业，而且看重自己的家庭，看重自己的子女，尽力追求事业的发展与家庭的平衡。她说："很多人认为女人不可能事业家庭兼顾，我一开始也有些手忙脚

乱，但慢慢地就找到了平衡点。"

有事业没家庭的人是可悲的，有家庭没事业的人是可怜的。没有家庭，财产万千也不会幸福；没有事业，家庭生活幸福感就会打折扣。许多人认为家庭和事业两者并不矛盾，"鱼与熊掌可以兼得"，二者是相辅相成的。家庭的幸福会让人们有更多的精力更多的时间投入到事业中去，事业上的成功也会让人们有独立的经济能力、足够的尊严去争取自己在家庭中的地位，这样更有利于家庭的幸福。

三、事业的成功无法弥补家庭的裂痕

40岁的芳芳，是商场上"呼风唤雨"的人物。她最早做过一家五星级酒店的总经理，20世纪90年代初的时候，她进军房地产业，聚敛了大量财富。

芳芳在工作中乐意为任何人着想，她的下属总是对她交口称赞，说很难遇到她这样的老板。她也极力地维持家庭与工作的平衡。但是，这个平衡还是被打破了。两年前，因为受不了太太比自己强，丈夫提出了离婚。离婚后，分得不少财产的前夫很快找到了比她更年轻漂亮的夫人。这对芳芳的刺激很大。从此，芳芳陷入了对男人的极度不信任，虽然有不少追求者，但她总怀疑他们是为了她的财富，而不是为了她的人，所以没有接受

过任何人。既然成功"根本就不是我想要的生活"，那么她想要什么样的生活呢？芳芳的回答是，譬如开一家花店、书店或干洗店，可以维持生活，又很轻松，而且不会因为太强势惹得老公受不了闹离婚。

家庭中一方强势，一方弱势，很难取得平衡，因为强势的一方总是不自觉地将自己的领导角色和人际交往模式原封不动地搬到家中，这无意中会对弱势的一方造成伤害。有的人一心扑在事业上，忽略了另一半的存在，导致家庭、婚姻失败；有的人不堪忍受强势一方的态度和言行，弃之而去；有的人有了钱就花心，搞婚外情。这些现象说明：仅有事业的成功不是幸福的人生。事业成功不代表家庭幸福，家庭和事业双丰收才是真正的幸福。

四、健康是家庭幸福的基础

在大学任教的金老师，妻子漂亮贤惠，女儿聪明伶俐，在一所名牌大学就读。本来一家三口过得很幸福，但金老师不幸得了尿毒症，开始时一年做两次血液透析，渐渐地一个月做一次，后来发展到一周做一次，再后来三天就要做一次，最后身体出现排斥反应，不能做血液透析了。他即将离开人世，生命以分和秒来计算了。几个好友去看他，心里都非常难过。金老师对朋友说："我业余时间拼命给外校讲课，不顾身体，只顾挣钱。现在想来，有钱又有什么用？如果以健康为代价去换钱，就是给座金山都不能换。"只可惜这世界上什么药都有，就是没有后悔药，一切为时晚矣。

"金山银山，不如寿比南山。"一句现代人常挂在嘴边的俗语，衡量出金钱与健康的比重，道出了健康对一个人、一个家庭是何等的重要。没有了健康，一个家庭就谈不上幸福，没有了健康，一个人就失去了快乐。

五、安全是家庭幸福的保证

2008年5月12日，四川省汶川县发生里氏8.0级地震，造成69227人遇难，374643人受伤，17923人失踪……

在我们生存的这个星球上，危难总是不可避免的。危机事件的频发和重大灾难的突发，夺去许多无辜的生命，有天灾，也有人祸。无论是天灾，还是人祸，所带来的后果都是悲惨的。可见，没有安全，生命不保；生命不存，幸福何在！只有生活在和平年代，只有避免天灾人祸，人们才可以生活在风平浪静的日子里，才有幸福可言。

六、应对不完整的家庭生活

某高校男生，21岁，北方人。对学习没有热情和

兴趣，在班级活动中消沉无语。通过多次思想交流，调查了解到他曾有一个幸福的家庭，初二时，父母离异使他受到严重的打击，学习成绩也一落千丈。曾经连续三天都躲到自家的柴草垛中不出来。他感到自己犹如一叶扁舟，漂荡在黑夜的惊涛骇浪中，失去依靠，看不见港湾，没有一丝希望。他没能考上自己喜爱的医学专业，立志学医的理想破灭，他怀疑自己的智商低、能力差，自卑、苦恼，终日被失望萦绕纠缠。所以，在学校的表现就是对学习、对班级一切活动都无动于衷，有时还有些神经质。

当因为离婚、死亡或服刑以及其他原因失去了夫妻中的一方或双方时，家庭的完整性便遭到破坏，相当多的孩子因缺少家庭温暖而产生很大的情绪障碍，悲观失望、痛恨父母、嫉妒他人、不满现实，极易形成一种反社会的心理，从而引发犯罪。不完整家庭的学生心理问题如果不能及时解决，将会影响他们的学习和生活，乃至今后的人生。要引导年轻人明白一个道理：世界上没有绝对完美的生活，每个人活在这个世界上都要忍受各种各样的缺失，如果我们能够接受生活的缺失，并且忍受缺失的生活，才说明我们是勇敢的；如果我们能够改善环境，创造生活，才证明我们是成功的，家庭才是幸福的。

第二章
家庭关系不和谐怎么办

　　家庭的本质是家庭关系，家庭关系亦称家庭人际关系，其特点是以婚姻和血缘为主体，并由有婚姻和血缘关系的人构成，表现为组成家庭的各成员之间特殊的相互行为。家庭关系决定家庭的发展。家庭的关系，对一个人的生活至关重要，要想有幸福的生活，少不了一个和睦的家庭。因此，维护家庭的和谐稳定、构建良好的家庭关系、让家庭成员感受家庭的快乐与幸福，是每个家庭都必须研究的课题。家庭关系包括夫妻、亲子、婆媳、翁婿、兄弟姐妹、祖孙、妯娌、姑嫂、伯侄、叔侄、舅甥、姨甥等。

第一节　夫妻怎样相处才和谐

　　夫妻关系乃人伦关系之始，夫妻关系虽然不如血缘关系稳定，但却是血亲和姻亲的基础和源泉，是家庭生活和谐的主导力量与主要支撑，是家庭伦理、道德建设的重点，是家庭的根柱，是家庭关系的轴心、核心和主体，是家庭伦理、道德建设的重点，是家庭稳定和家庭功能发挥的基础。没有夫妻关系，自然不会有父子兄弟姐妹及其他诸种关系。因此，处理好家庭人际关系，首先一定要搞好夫妻关系，夫妻关系的好坏，直接影响到家庭的稳固与幸福。

　　家庭中，夫妻在生活、生理和心理等方面都会产生矛盾。那么，怎样调适夫妻矛盾呢？下面的建议值得借鉴。

一、夫妻之间要学会相互欣赏

　　有位女士一谈起伴侣就两眼发光，她评价说："你不要看他胖，他的肌肉还是很结实的；不要看他秃头，那是聪明绝顶，贵人不顶重发；不要看他个子不高，但与拿破仑差不多。"这位女性很会欣赏，她从另一个角度把别人看来是缺点的地方看成优点。她这样看待丈夫，夫妻关系能不和谐吗？

二、夫妻之间要相互信任

有这样一个女人，她总喜欢把她的经验传授给别的女人，她的做法是：要老公把工资如数上缴，每月仅留100元作为零花钱。她认为男人手上没钱，就没法变坏了。其实她老公真想变坏的话，总会有别的办法的。不管男人和女人，变好变坏主要在内因。不会变坏的，根本就不用管；容易变坏的，管也管不住，何必费那个神呢？信任是维护夫妻关系最基本的要素。夫妻要学会信任对方，不要整天疑神疑鬼的。若发展到一方要防备另一方的地步，那夫妻关系就很难和谐了。

三、夫妻之间要学会忍让

马太太今天非常高兴，她做了8个好菜，等待丈夫回家共进晚餐，可丈夫却迟迟不归，无奈，马太太一遍遍地加热凉了的饭菜，那可全都是马先生爱吃的。然而马先生早忘了今天是他们结婚5周年的纪念日，正在朋友家看球赛。马先生的全部兴奋点都在今晚的足球赛上，那精彩的临门一脚仿佛是他踢的一般。终于，马太太听到了开门声，这时愤怒的马太太真想跳起来在他眉飞色舞的脸上打一拳，然后把他赶出去，然而一个声音告诫她："别这样，再忍耐两分钟。"两分钟以后的马太太，怒气不觉消了许多。"丈夫本来就是那种粗心

大意的男人，况且这场球赛又是他盼望已久的。"马太太不停地安慰自己，然后又把饭菜重新热了一遍，并斟上两杯红葡萄酒。兴奋依然的马先生惊喜地望着丰盛的饭桌："亲爱的，这是为什么？""因为今天是我们的结婚纪念日。"愣了片刻的马先生抱住太太亲道："宝贝，真对不起，今晚我不该去看球。"马太太笑了，她暗自庆幸几分钟前自己压住了火气，没大发雷霆。

忍让是通向和谐幸福的光明大道。忍让能为我们带来意想不到的收获。忍是一种磨砺，是一种意志力的体现，也是高姿态、有雅量、有修养的表现。在家庭中，夫妻之间很少有原则性的分歧，产生分歧时能以"忍"字为先，互相谦让，矛盾也就烟消云散了；不然的话，就会激化矛盾。

有爱才有家，爱是幸福家庭之神，人生享受最多最大最久的幸福是家庭幸福。美国作家爱默生说得好："家是父亲的王国，母亲的世界，儿童的乐园。"

四、不要盲目攀比

有位男士，从朋友家喝酒回来，一看家里物品摆放无序，室内也不整洁，有些脏乱差的感觉，就对妻子说："这还像个家吗？你瞅那东西弄得乱七八糟，卫生还这么差劲。你看人家小琴家里，那叫一个干净利索，物品摆放井井有条，人也穿戴漂亮，哪像咱家……"还没等丈夫说完，妻子眼睛一瞪，吼道："你是不是跟小琴有不正当关系？嗯？你看小琴好，你去跟她过日子好啦，干吗跟我结婚？"一场家庭战争就这样爆发了。本来丈夫想让妻子以小琴为榜样，没想到，事与愿违，适得其反。

这个案例告诉我们，不要攀比，不要拿自己的丈夫或是妻子和别人的丈夫或是妻子去比较，更不要羡慕别人的家园。俗话说：人比人，气死人，当你一味地与人攀比时，你就只能放大自己的不如意，增加烦恼。婚姻生活中的盲目攀比是幸福婚姻的大忌。幸福不可比，因为它没有止境，没有标准，如果硬要比较的话，你永远都是吃亏的一方，因为比较时常常忽视了自己的幸福，即身在福中不知福。要用豁达和宽容对待生活，减少无聊与烦恼，多一些欢乐与阳光，把比较的眼光收起来，换成珍惜的感觉和享受的心情。

五、不要过高要求对方

一位30出头的美丽女子，在事业上相当有成就，已是某公关公司的高级主管，最令人惊讶的是，她结婚已经7年，个性仍然像阳光一般，她从不刻意做公关，所以，只要有她在，大家都很自在。一群女人问她："你认为幸福婚姻的缘由何在？"她回答说："我跟你们不一样，我对婚姻要求不高，我找的男人，对我也要求不

高，所以到现在，我还会说‘结婚真好！’”

实事求是讲，一个值得爱的人，不可能与我们的要求相距太远，但爱上他/她之后，是不是可以不要要求得太多太高，让爱喘口气？从这个观点来说，“幸福婚姻是因为要求不高”才有意义。因为相互要求不高，也就没有攀比，因而也就没有埋怨。“望夫成龙”“望妻成凤”大多不会如愿，往往徒增烦恼。

六、要主动承担家务

结婚以后，需要共同协商的大事是有限的，更多的是柴米油盐的日常琐事。夫妻关系的平等表现在家务的共同分担上，主动承担一部分家务，是丈夫爱护妻子、妻子体贴丈夫的具体表现。尤其是核心家庭的双职工，更应该自觉分担务劳动，尽量为对方着想，双方切忌以自己工作忙、任务重等为由推卸家务劳动。如果需要对方出力的时候，最好把指令式的“你来做”换成亲切的“帮帮忙”。

七、说话要有点幽默感

有一对夫妻，女的总是抱怨说：“我好好的一朵鲜花，却插在你这堆牛粪上，要多委屈有多委屈。”谁知男的回答道：“老婆大人，你这朵鲜花如果插在没有养分的金山银山上，没有我这堆牛粪的滋润，怎么会开得这般鲜艳，说不定早就枯萎了，所以说你这朵花还是离不开我这堆牛粪的。"女的不但没生气，反倒被逗笑了。

本来是一触即发的家庭矛盾就这样烟消云散了，因为这家的男主人认识到了在家庭生活中应该懂得幽默，知道进退，这样才有可能维护家庭的和谐。

幽默是一种特殊的情绪表现。夫妻间要多一点幽默感，少一点气急败坏，少一点偏执极端，少一点你死我活。幽默可以淡化人的消极情绪，消除沮丧与痛苦。具有幽默感的人，生活充满情趣，许多令人痛苦烦恼之事，他们却应付得轻松自如。用幽默来处理夫妻间的烦恼与矛盾，会使人感到和谐愉快，相融友好。

八、学会经营婚姻

毕先生和妻子苏女士当初是租房结婚，刚开始日子虽然过得清贫，但一直很恩爱、很浪漫。后来他们在共同的打拼下发迹了，腰包鼓了，买了房子，配了车子，反而吵吵闹闹，矛盾日益加深，最终丢失了那份和谐，直至劳燕分飞。

夫妻总会发生矛盾，美满婚姻并非天成，婚姻需要双方经营。这对男女出身于不同的家庭，生长在不同的环境，接受不同

的教养，具有不同的人生理想，一旦结婚，朝同餐，晚同衾，时间越长产生的矛盾越多。可见，夫妻关系需要不断地调适，特别是新婚夫妻，更是需要。要学会夫妻相处之道，学会经营婚姻，夫妻共同成长。

九、男人会"哄"，女人会"捧"

男人要捧，女人要哄，这是两性相处的一种艺术。聪明的女人应该学会用欣赏的目光和话语去开发男人的智商。恰到好处地去捧，最终受益的还是女人自己。男人的哄是女人最好的化妆品，即便是一个脸上已长了皱纹的女人，在男人的怜香惜玉下，也会奇迹般地年轻漂亮起来。

十、多读一些有关婚姻和家庭方面的书籍

与婚姻、爱情有关的书有教我们如何俘获心上人芳心的恋爱宝典，也有教我们提升亲密关系的心理学经典。如，《幸福的婚姻》，就是一本非常实用的婚姻指南，总结出使婚姻免于破裂的7个法则，任何夫妻都能从中受益：

法则1：完善你的爱情地图；法则2：培养你的喜爱和赞美；法则3：彼此靠近而非远离；法则4：让配偶影响你；法则5：解决可解决的问题；法则6：化解僵局；法则7：创造共同意义。如果能够与你的他/她一起读，相信你们能够创建一桩高情商的、长久的婚姻。

第二节　怎样调适亲子关系

亲子关系是由夫妻关系产生的一种最基本的家庭人际关系。在法律上是指父母和子女之间的权利、义务关系。父母和子女是血缘最近的直系血亲，是家庭关系的重要组成部分。亲子关系直接影响子女的身心健康、态度行为、价值观念及未来成就。

家长作为家庭教育的主要执行者，在孩子社会化过程中有着十分重要的作用，决定着家庭教育的方向，这是家长在家庭中的特殊地位决定的。但是随着社会的发展，儿童社会化环境的变化，亲子关系出现了一些新的特点，家长在家庭中的权威地位在一定程度上受到冲击。

改革开放和信息化社会的发展，使得现代的少年儿童已经不再是封闭、保守的社会状态下顺从听话的孩子，他们通过耳闻目睹和各种媒介了解了许多社会现象，也了解了自身的权益。在家庭中家长说了算的传统已经不被现代的孩子所接受，他们渴求与父辈之间平等相处、平等交流。尽管在家庭中父辈依然对子辈扮演着施化者的角色，孩子依然要向父母学习如何做人，但是孩子也在一定程度上将自己的兴趣、爱好、知识、经验、观念等"反哺"给成年人。也就是说，两代人间的影响绝不是单向的，双向影响的趋向越发突出，这是历史的必然。

一、家长应该具备家长素质

一位公司老板说：厂里几百号人我都能搞定，唯独一个儿子搞不定！我想不明白的是：公司比家大，员工比家里人多，大事小情也比家里多，但管理公司有成就感，而教育孩子却有挫败感。为什么治家比治厂还难？教育孩子比管理员工还难？

这位老板的问题具有代表性。应该说，许多老板都不缺少领导才能，但或多或少缺少"家长素质"。做父母的如果不学会做家长，不仅教育不好孩子，还会把亲子关系弄得越来越紧张。

二、不要做专制型家长

一位失足少年的自述："我是怎样从一个少先队员变成一个犯罪分子的。我出身于工人家庭，父母希望我读书成才，而我比较贪玩，成绩不够好，因此没少挨父母的打骂。有一次，我旷课玩电子游戏去了，班主任家访，父亲得知我旷课，气得要命，把我狠打一顿，我认错了也不住手。挨打后，我憋了一肚子气，恨爸爸也恨班主任，下决心你越打我越玩。第二天早上，我装作去上学的样子，半路上又去电游室了，在那里我认识了一个比我大的人，他陪我玩电游，看录像，还请我吃东西。夜深了，我不敢回家，就在外过夜了。一连几天，新结交的朋友给我饭吃，又教我弄钱的办法。开始我很

害怕，但弄到两只皮夹子后就有钱可以吃喝玩乐了，感到很自由、很开心。到了第五天，家里的人找到了我，被拖回家后，又是一顿痛打，我下定决心离家。拳头不能收住我的心。后来我就离家并流窜到外地，偷自行车、扒皮夹子……"

故事反映的是专制型家长的典型表现。专制型家长把自己看成权力或权威的象征，把孩子当犯人管，在教育方式上采取命令式，对子女实行严格控制，父母要求孩子绝对服从自己，给孩子的自由是有限的，他们与子女之间的关系是不平等的，因而，两代人之间沟通不够，关系紧张，家长较少对孩子表现温情，而是严格执行对孩子的处罚，其结果孩子不是奴性十足，就是叛逆成害。

三、家长要学会亲子沟通

东东13岁了，是一名初中生，他的学习成绩在班级处于中上等水平。东东的妈妈曾是一名工人，后来因工厂搬迁到郊县，离家太远，就提前退休了。妈妈的主要任务就是照顾好东东，帮助东东提高学习成绩。每天东东放学回来，妈妈总是希望两人坐下来，认真地说说话、谈谈心。可是每次妈妈话匣子一打开，东东就烦了："急死了！我还有好多作业呢！""饿死了！还是先吃饭吧！"沟通根本无法进行。在邻居的建议下，妈妈将饭前聊天改为饭后，这样，尽管东东能静下心来了，但还是很少说话，常常以沉默应对妈妈的沟通要求。东东只有在伸手要钱的时候才主动跟妈妈说话，他对父母的工作、生活从不问及，漠不关心。妈妈很苦恼，她不明白家庭教育到底在哪些方面出了问题，不知道怎样与孩子做朋友，不知道该跟孩子说些什么。

由案例可知，沟通不畅是家庭教育中常常遇到的问题。一般来说，家长希望通过与孩子的沟通增进亲子感情，并达到了解和教育孩子的目的。但由于家长没有掌握沟通的技巧，影响了和孩子的交流，也影响了亲子关系。

四、家长要提高教育艺术

全职妈妈陈女士有两个小孩，老大上六年级，老二上二年级。陈女士说，之前不上网课，不写作业，家里还很和谐。但自从上网课开始，自己白天除了要做家务，还要按不同课表监督两个孩子上网课，记笔记、拍照录视频给老师反馈，晚上则辗转于各QQ群，下载各科老师的学习清单，辅导作业，监督孩子完成预习，忙得焦头烂额。但最让陈女士头疼的还是孩子不自觉。大女儿上网课做作业磨磨蹭蹭，一不注意还会趁机偷玩

游戏；小女儿则总是上完课连作业要求都没搞清楚，得自己陪着一起上课。"两个孩子有时一言不合就互相扭打，轮流哭着找我投诉，每天家里都像打仗一样，感觉比平时累100倍，现在最期盼的就是孩子能早日返校。"陈女士说，这段时间，陪孩子越久，感觉自己脾气越差，和孩子的关系也越糟糕。

上述案例反映了家长的教育理念、方式、方法欠妥，缺乏教育能力和教育艺术，由此造成了亲子关系的紧张或破裂。在"停课不停学"的特殊情况下，网课成了教师教学和学生学习的基本形式。"不提网课，母慈子孝；一上网课，鸡飞狗跳"，或许这是不少家庭疫情期间的真实写照。很多家长把亲子关系紧张的原因归结为疫情，认为只要疫情结束，亲子冲突就可以自行消失。其实，亲子之间关系不良与疫情没有因果关系。只不过是在一个比较极端的情况下，亲子间潜在的问题得到了激化；或者是因为疫情让家人每天都待在一起，亲子关系问题才变得更突出了。后疫情时期是重塑亲子关系的良好契机，家长需要反思，总结经验教训，把坏事变成好事。

五、不以成绩论成败

小明是个学习成绩很好的孩子，而且听话懂事，父母都很喜欢他，但小明的哥哥却好吃懒做成绩差。一

天，爸爸看见兄弟两人的成绩单，对小明非常满意，但看见哥哥的马上暴怒："你要是有一样能超过你弟弟我就不揍你。"哥哥颤抖着说道："年龄算不算？"

这虽然是个笑话，但说明了一个问题，父母爱的是孩子的考试成绩。考试成绩是每个家长和孩子都绕不开的话题。孩子成绩好，家长喜笑颜开；孩子成绩不好，家长眉头紧皱，甚至拳脚相加。这样就会使孩子感受不到爱，他感受到的是"父母爱分数"。父母的爱是孩子努力上进的核心信念，没有感受到爱的孩子要么不好好学习，要么被逼无奈被动学习，但心中没有快乐。不管是哪种情况，都会影响亲子关系。在有些家庭，孩子的学习目的，不是为了快乐，不是为了增长知识，而是为了家长的满意，为了得到奖赏。崇高的学习，变成了孩子和父母之间的交易。这是很不可取的。父母以成绩论成败，以成绩作为评价孩子的主要标准，不仅会损害亲子关系，还会影响孩子的全面发展。

六、家长要支持孩子的梦想

小海长相英俊，身材修长，喜欢流行歌曲，总是曲不离口，被同学们称为"小刘德华"。小海自我感觉良好，他已经在各种场合宣布："今后，我一定要当歌星！"可是，学生时代曾是文艺活动积极分子的父母却认为儿子绝对与歌星无缘，因为他们听出小海唱歌"五音不全"。父母竭力反对儿子的"歌星梦"，常对他冷嘲热讽，于是，小海与父母发生了激烈的冲突。过了这个暑假，小海就要上初三了，他的学习成绩只是中等偏下，要是考不上高中怎么办？小海的父亲很着急。小海却无动于衷，而且对父母越来越反感，他说："我自己的事不用你们操心，考不上高中的话，我出去打工养活自己。我想当歌星，就一定会努力实现，谁也别想改变我！"小海的父母很生气，不知如何对待这个"想入非非"的儿子。

上面的故事是我们在现实生活中经常碰到的。父母往往以"过来人"的身份让子女按照自己的设想去发展，而子女却常常不听从父母的"好心劝告"，于是，一场针尖对麦芒般的冲突大战就拉开了帷幕。这场导致亲子关系紧张的"战争"，最终结果往往是两败俱伤。作为父母，应该站在孩子的角度去思考，不要把自己的意愿强加给孩子，对于孩子的梦想，不管靠不靠谱，都不要强行禁止，而要进行引导。

第三节　怎样调适婆媳关系

　　婆媳同在一个家庭中生活，有共同的归属，自然也就有着共同的经济利益，双方也自然都希望家庭兴旺发达。这是婆媳利益一致的一面。但同时也常常在家庭事务管理权、支配权等方面发生分歧，出现矛盾，甚至明争暗斗。婆媳关系自古以来就很复杂，常言道："家家有本难念的经"，其中一本就叫"婆媳经"，婆媳关系是一种由夫妻关系延伸出来的非血缘的亲属关系。在家庭中，两代人之间的矛盾，最明显和最常见的是婆媳关系。婆媳不合，是不少人提起就摇头叹息的问题。婆媳关系是家庭中非常重要的关系，也是最难处理的关系。婆婆和媳妇两个女人和谐，则全家幸福；两个女人"打仗"，最痛苦的是两个男人。婆媳关系在家庭人际关系中有其特殊性，它既不是婚姻关系，也无血缘联系，而是以上两种关系为中介结成的特殊关系。因此，这种人际关系一无亲子关系所具有的稳定性，二无婚姻关系所具有的密切性，它是由亲子关系和夫妻关系的延伸而形成的。如果处理得好，婆婆和媳妇各自爱屋及乌——婆婆因爱儿子而爱媳妇，媳妇因爱丈夫而爱婆婆，各得其所，关系就会融洽；但是如果处理不好则婆媳之间会出现裂痕，难以弥补。那么，怎样调适婆媳关系呢？可以参考以下建议。

家庭：好家庭就是好学校

一、婆媳相处要多为对方着想

　　左邻右舍都夸张家娶了个好媳妇，张家的媳妇，来自书香门第，颇有家教，对待夫家上下很有礼貌。婆婆一家大小也因为头一次娶媳妇，除了很高兴家里多个人之外，也深怕媳妇住不惯，给儿子带来困扰，于是就对媳妇很照顾，因为在一开始就彼此为对方考虑，反而营造出了一种融洽自然的氛围，彼此的尊重也就从生活的点滴中建立起来。

　　自从媳妇过门后，张家的生意特别旺，婆媳间的搭档合作、默契很好，实在是看不出是对儿婆媳。在过去媳妇未进门之时，自然是婆婆做饭，而张家的婆媳每到做饭时，两个人总会商量谁做饭，谁继续工作，有时候甚至彼此相互使个眼色，就知道自己做什么。这样的默契实在是不容易。

　　那和蔼可亲的婆婆，本身就没有什么脾气，即使媳妇做得不太好也不会指责，或说句重话，并且很爱开玩笑，也爱泡老人茶，还爱听老歌，所以只要婆媳一起工作时，不是媳妇沏茶，就是婆婆播放录音带，一边听歌一边哼唱着，有时婆媳还一起哼唱，在这样和睦的工作中，婆媳关系很是融洽，家庭很是和睦。

　　天下父母心，哪个不希望自己的儿女幸福美满呢？然而能

维系这样好的婆媳关系，一方面，需要彼此能于婚前做好心理准备；另一方面，也是更为重要的是婆媳之间能充分为对方着想，会换位思考，将心比心。

二、婆媳尽量不住在一起

蕾蕾在对待婆婆方面，有自己的想法。还没结婚的时候，蕾蕾就和丈夫说："以后结婚，我可以孝顺婆婆，我也可以和你一起给公婆养老送终，但是我不能和他们住在一起。"结婚之后，蕾蕾和公婆是分开住的。

俗话说得好，距离产生美。婆媳不经常住在一起，哪里有那么多矛盾？平时蕾蕾一个月会带孩子去婆婆家一两次，吃个饭或者小住几天，每次都是开开心心地去，快快乐乐地回。对老人来说，毕竟孩子回来一趟不容易，又怎么会没事找事，挑孩子们的刺呢？能回来就好。每次孩子回来，婆婆都会做一桌子的好菜好饭，好好犒劳他们。而蕾蕾呢，又是一个高学历的女人，从小受到良好的教育，知道尊老。所以婆媳也没什么利益纠纷，也没什么生活上的磕磕碰碰，婆媳二人一直是相敬如宾。虽然谈不上亲密，但是至少也没什么矛盾纠纷。这样的婆媳状态，对蕾蕾来说，是最好的。

最好的婆媳状态，应该像蕾蕾和婆婆这样，相敬如宾，把彼此当

客人看待。一个月见几次，既不生分又有一定的距离，这个距离可以让很多的矛盾消失，但不会影响到子女的尽孝。一般情况下，孩子结婚有了自己的家，老人不要强求与孩子住在一起，过好自己的晚年生活就好了。然而，当老人失去自理能力时，就另当别论了。

三、婆媳要学会共情

小琴是一个三十出头的年轻人，结婚后因为还没买房，所以和丈夫一起暂时住在婆婆家。小琴有个习惯，就是每天早上一定要丈夫抱她起床，有时甚至要抱她到客厅缠绵一番。这可让婆婆看不过去了，觉得这媳妇太娇气，将来会给儿子苦果吃。于是婆媳开始了漫长的争吵，有时闹到谁也不理谁的地步，小琴的丈夫被夹到中间，两边不讨好。

本来一家人住在一起是一件其乐融融的事，奈何两代人的观念和思想各不相同，谁都不能迁就容忍的时候，矛盾就出现了，特别是住在一起的那种。俗话说：哪有舌头不碰牙的，同一屋檐下朝夕相处总是会有种种琐碎的事情，难免会有意见不一。争执过后，婆婆和儿媳都要心平气和地说明道理，求大同，存小异，做到每次的争执不是吵闹，而是说理，都站在对方的角度去想，力求达成一致，对于差异采取一种彼此宽容、和谐共存的态度，双方相互谅解。

四、夹在婆媳之间的男人要学会"和稀泥"

任先生结婚以后，妻子对他很好，但是，母亲似乎对他更好。任先生说，他和妻子、母亲的关系，好像"三角恋"一样。当他和妻子去散步时，母亲一定要求一起去，他和妻子从此就再也没有单独散步的机会了。看电视的时候，如果看到媳妇和儿子一起坐在沙发上，他的母亲也会坐过来，并且必然是任先生坐在中间，妻子和母亲坐两边。除了这些情况外，任先生家也存在婆媳关系中普遍存在的问题，譬如经常为鸡毛蒜皮的小事吵个不停。每当这个时候，任先生就觉得特别难办，一边是最亲的妻子，一边是最敬爱的母亲，他夹在中间左右为难。

许多已婚的男人都有这样的苦衷：在婆媳之间左右为难。母亲看着自己一手养大的儿子结婚后小两口亲亲热热，唯老婆命是从，"娶了媳妇忘了娘"，心里肯定不是滋味。反之，男人结婚后，整天还是围着老妈转来转去，妻子肯定不满。如何处理婆媳之间的矛盾，可以说是已婚男人的一大心病。作为儿子和丈夫双重角色的男人要巧妙使用善意的谎言，调和老婆和老妈的关系，不好的话两头瞒，好听的话添枝加叶两头传。要勇于把老妈和老婆的矛盾转移到自己身上，学会"和稀泥"，在对待老婆和老妈时不要厚此薄彼。老公应当是婆婆和媳妇之间的防火墙，而不是

加压泵！

五、搞好两亲家的关系很重要

吴女士说，我婆婆喜欢说谎，有的没的都说，每次我娘家人来我家她都是一副不高兴的样子，总喜欢说一些不好听的话，我觉得她是心态不好，而且她并不喜欢我老公和我娘家人走得近，明明没有的事偏在我老公跟前瞎说，我老公还信她，我就是想让我老公保持中立，而不是一味地听取他妈妈错误的说法。我娘家人是帮助我和我老公最多的，我不希望我婆婆故意地诋毁他们，有时我说出来她的错她就说我强势，问题是明明是她做得不对还要强词夺理，弄得我娘家人很不愉快。难道婆婆错了也不能说吗？

搞好两亲家的关系对于促进婆媳关系很有帮助，两亲家关系的重点是搞好亲家母的关系。两亲家关系融洽，亲如一家，婆媳关系也不会紧张。高明的婆婆往往把亲家关系当作大事来抓。勤走动、勤串门、尽礼节、常提起是搞好亲家关系的四件法宝。勤走动，有事没事两家多走动，越走越亲；勤串门，谈谈体己话，不仅乐在其中，而且意义深远；尽礼节，特别是逢年过节或遇上亲家有婚丧嫁娶等大事，要人到礼到；常提起，就是在儿媳妇面前常常叨念亲家母，儿媳妇把这些话传到娘家，亲家母定会领情的。

家庭：好家庭就是好学校

六、婆媳要学会做自我批评

婆婆是个退休教师，婆婆和公公一个月每人3000元的退休工资。儿媳妇是销售经理，儿子在外企做总裁助理。这位婆婆的经典语录是：对儿子好不如对儿媳好，儿子不常在身边，儿媳常在身边，对儿媳好，儿媳也能对自己好。

有一次，儿媳回家后发现女儿没写作业，就批评了一顿，老人看了很心疼，说了她几句，后来婆婆后悔了，觉得儿媳批评孩子没有错，于是就跟儿媳道歉。这位婆婆说："我们错了的时候也得承认。"

因为老人家的溺爱，所以孙女"无法无天"，拿着棍子跟爷爷打架，过分了点，爷爷嚷了孙女几句，孙女跟爷爷开骂，正好儿媳回来了，看到女儿如此放肆，就说了女儿一句："狗咬你一口，你也咬狗吗？"公婆面面相觑，后来婆婆跟儿媳说起这一段，说儿媳不应该这样说，儿媳一想，大吃一惊："对不起！我也不是有心的，就是随口而出，没想那么多，您二老不要跟我一般见识。"

遇到问题婆媳双方能够从自己身上找原因，能做自我批评，这是密切婆媳关系的一个秘方。婆婆不倚老卖老，儿媳也知书达理，这样关系才会更加融洽。

第四节　怎样调适兄弟姐妹关系

2016年1月1日，全面两孩政策正式落地，与此同时，在我国实施了30多年的独生子女政策宣告终结。中共中央政治局2021年5月31日召开会议，决定进一步优化生育政策，实施一对夫妻可以生育三个子女的政策及配套支持措施，随着三孩政策的落实，以后的家庭关系变得更为复杂。

一、营造温馨的家庭氛围

一位母亲说：我家大孩子今年11岁，是男孩；小的7岁，是女孩。原说兄妹两个相处的时间已经不短了，应该有感情了，但是到目前为止，两个孩子对于母爱，对于物质的争执一直存在。妹妹因为年龄小又是女孩经常以哭泣为要挟，哥哥也是有事儿没事儿找茬，直到把妹妹弄哭才好。

有一次我很生气，我跟他说那是你亲妹妹你必须好好对待她，老大说我就是瞅她不顺眼，把她扔了才好呢！我也不知道说什么才好，只能沉默，对于哥哥和妹妹间的相处家长该怎么引导我依然不知所措，有时候我

把这归结于我们跟老人共同生活的原因，所以自然对婆婆有些意见，老公跟我之间的关系也有些疏远，感觉因为亲子关系导致全家都不太和谐。

案例反映了夫妻关系、婆媳关系、亲子关系和兄妹关系都比较紧张的情况，大家生活在有压力和委屈的环境中，关系很难和谐。心里有怨言，总得发泄，尤其是大孩儿，他只能发泄给比自己小的妹妹，老大对妹妹的恨，很可能是把对父母的不满转移到了妹妹身上。所以，重点不在丁如何引导两个孩子和谐相处，而在于如何改善家庭氛围，重点中的重点是如何调整夫妻关系。

二、关注二孩家庭的"同胞竞争障碍"

自从妹妹出生以来，小杰就死活不肯去自己的小屋睡觉，而在此之前，她跟父母分房睡已经两年多了。她也不想去上学，更害怕自己一个人待在房间里。经诊断，小杰是因为二宝的出生而出现了"同胞竞争障碍"的症状。

"大孩对二孩充满敌意"这种状况，其实是一种心理疾病，在心理学上叫"同胞竞争障碍"，意思是同胞兄弟姐妹之间有潜在的比较或者竞争的关系，它是指老大随着弟弟或妹妹的出生，表现出某种程度的情绪紊乱，多数情况下状况比较轻，往往起病于二孩出生后的几个月内，但竞争和嫉妒比较持久，常有某种程度的退化，如丧失已学到的技能并有行为幼稚化倾向。

家庭：好家庭就是好学校

1. 父母要一碗水端平

欣欣说："我们老家有句俗话，叫'只愁生不愁养'，现在这句话倒过来了。现在物质条件好了，医疗技术发达，生个孩子并不是那么困难，反倒是教育孩子是最头痛的，一个都教不好，两个咋办？"欣欣是独生子女，她刚刚生下老二时，老大还是挺欢喜的，但没过多久，问题就来了。为了应对大孩随时挂在嘴边的"不公平"，欣欣只得采取最原始的公平方式：什么东西都买两样，哪怕是大孩根本不会玩的玩具。即便这样，还是没能堵住老大的嘴，"凭什么你抱她不抱我？凭什么她可以跟你睡，而我却不能……"

欣欣说，他们夫妇对孩子比较严格，只有老大时，吃饭、穿衣等都要求她独立完成，之前老大都能按照要求完成，但妹妹一出生，情况就变了，刚开始是说我们不陪她，后来发展到任何事情都要和妹妹比，喂妹妹饭，她看到后说自己手不舒服，也要大人喂。到现在，她什么事都觉得不公平。

案例反映的情况具有普遍性。应当说，两孩家庭对孩子的成长是有积极意义的，但如果引导不好，势必适得其反。孩子之间有比较和竞争是必然的，关键是父母要妥善平衡其中的关系。

2. 用爱包容大孩的无理行为

王妈妈耳闻目睹了许多二胎家庭两个孩子之间经常闹矛盾的情况，担心自己生二胎后也发生类似的事情，于是，在老二到来前，王妈妈通过讲故事、让作为哥哥的小峰跟肚子里的老二聊天等方式，让小峰逐渐参与到老二的成长中。所以谈及老二时小峰还是说喜欢老二——不管是弟弟还是妹妹，但妹妹出生后他却不太愿意和妹妹亲近。经过几天的观察，妈妈发现小峰做功课时，一旦妹妹哭了，妈妈不得已要去陪妹妹时，小峰就会用尺子把橡皮切成一小块一小块的。等妈妈回来发现小峰的功课几乎没有进展，一提这事，小峰就开始发脾气。

小峰的这些行为都是想唤起妈妈对他的关注，获得家人的爱。因此，在面对这些不良情绪时，妈妈首先采取了冷处理，不正面回应小峰发脾气的具体事由，而是让他把不良情绪发泄出来或者是找其他的事情转移他的注意力，绝对不针对这个事情严厉批评，而且与家人协商，每天抽出专门陪小峰的时间，这个时间段妹妹由其他家人帮忙带，尽量不打扰妈妈与小峰的单独相处，然后在之后的一段时间里坚持寻找机会表达对小峰的爱，增加肢体接触，时不时抱抱他，亲亲他，常常通过语言直接表达自己对小峰的爱，如妈妈真喜欢你、妈妈很爱你等。小峰渐渐地感受到，尽管有了妹妹，但妈妈和其

他家人一样爱他，乱发脾气的现象也慢慢地在减少。

这位妈妈的做法非常好！父母要真心地向老大表达爱，坚持用爱包容大孩，使孩子感受到没有因为老二的出生减少对他的爱。这样，老大的情绪就会逐渐稳定，也会逐渐喜欢老二。

3. 不要拿两个孩子来对比

每个孩子都有自己的优势和劣势，做父母的是要帮助孩子找到自己的优势，发挥自己的特长，而不是总是说："你看谁谁谁怎么着，你怎么就不学学呢？"

一个姐姐说，那时我最恨父母骂弟弟：你为什么就不能上课听讲？你只要听5分钟，就比你姐姐听45分钟成绩好！你聪明，你就是兔子，她就是乌龟，龟兔赛跑，现在乌龟都跑你前面去了，你还在睡觉！这是在骂他呢还是在骂我？被骂的兔子弟弟委屈地哭着，旁边的乌龟姐姐头都快要低到地上了。这种责骂造成了弟弟盲目骄傲，而我则盲目自卑，拼了命以各种方式求得父母认可，证明我不是傻瓜！

有比较，就有伤害。大人认为比较是一种鼓励，对孩子来说却是挑战和对抗，心中必然会滋生出很多复杂的情感。心理学里有一个非常有趣的研究——将不一样的人进行比较，可能对孩子的伤害非常大，还会令他讨厌对方。所以，不管是双胞胎、同性别和不同年龄的孩子，不要进行比较，好孩子不是比较出来的。

4. 培养老大的责任心

一位妈妈说：养两个孩子麻烦事的确太多，如果不把老大摆平，那两个孩子之间就会不断发生矛盾。我对老大的心理战术是让老大觉得当姐姐是一件很荣耀的事，让她从内心产生一种责任感。在给老二洗澡的时候，会请老大帮忙递毛巾；老二吐奶时会请她去拿小毛巾；换尿布的时候，会请她帮忙拿纸尿裤或湿纸巾之类的东西。虽说把照顾妹妹的话挂在嘴边，但不是真的希望她能帮上多大的忙，只是让她有参与感，如果她不想帮忙，也有权利拒绝，老大毕竟是孩子，先以照顾她的情绪为主。如果姐姐非常愿意并且主动的话，会不停地夸大她的优点，增加她照顾老二的意愿。现在只要二宝一哭，姐姐就会很有使命感地跑去拍拍妹妹，然后和妹妹说："姐姐来了，你不要哭嘛。"还大方地把自己的玩具放在妹妹的床头，特别是当两个孩子都需要我时，我会先满足老大的需要，然后再引导她去感受妹妹的需要。例如，我会说："妹妹的尿布湿了，肚子咕咕叫，哭得好厉害。"姐姐听到这，顿时生出恻隐之心，主动照顾妹妹的次数又增加了。

有两个孩子的家庭，父母要给老大机会，让他/她参与到弟弟妹妹的养育过程中去。充分的实践，能将流于情感和意识层面的责任心落到实处，孩子在参与家庭事务的过程中，进一步

明确自己重要成员的身份和角色，自然就能多一些责任意识。另外，两个孩子会相互模仿、相互影响，特别是老二，除了模仿父母之外，模仿最多的应该就是老大的行为。所以要积极引导老大，树立榜样的力量。

三、多子女家庭兄弟姐妹要和睦相处

范先生是长子，家中有一个弟弟和一个妹妹。一方面是作为长子的责任，一方面是自己收入较高，于是主动承担起了弟弟妹妹的生活开销，从弟弟未婚到结婚，到生二胎，都不遗余力地支持着。妹妹就更别说了，读大学是范先生供的，大学毕业后陪嫁也是他拿的。为此，妻子跟他吵过闹过，范先生就一句话："我是大哥，我不管他们谁管？"

兄弟姐妹是一个特殊群体，他们从小便生活在一个家庭，相互有欢笑，有陪伴，有争吵，有各种作为独生子女所无法体会的酸甜苦辣。而这种经历也是独一无二的，会在学习和生活中相互照顾和依靠，会产生深厚的感情，并且这种感情会延续到成年，甚至终生。俗话说："打仗亲兄弟，上阵父子兵"，前者说的就是兄弟姐妹之间的亲密关系。

兄弟姐妹之间要讲究"悌道"。"悌"原指敬爱哥哥，泛指兄弟姐妹的友爱。兄弟姐妹从小到大要相互关爱，自立自强，共同孝敬父母，不要因为财产等因素反目成仇。

第五节　怎样调适祖孙关系

祖孙关系是指祖父母与孙子女、外祖父母与外孙子女之间的关系，是建立在血缘基础上的一种亲属关系，是父母的上一辈和父母的下一辈的关系的一种称谓，是现代家庭中的一种重要的家庭关系。在现代家庭中，祖孙之间的亲密关系常常成为联络三代人感情的重要纽带。

一、祖孙之间具有法律关系

《中华人民共和国民法典》第一千零七十四条规定："有负担能力的祖父母、外祖父母，对于父母已经死亡或者父母无力抚养的未成年孙子女、外孙子女，有抚养的义务。有负担能力的孙子女、外孙子女，对于子女已经死亡或者子女无力赡养的祖父母、外祖父母，有赡养的义务。"

1. 孙辈对祖辈有赡养义务

车老太唯一的儿子不幸因病去世，她把孙女抚养成人。两年前，车老太的老宅被拆迁，她与孙女签订协议，约定老宅拆迁所得的三套房全部归孙女彤彤所有，

孙女则需提供一套小户型安置房屋并简单装修后给车老太无条件居住，同时彤彤需承担对车老太的赡养义务。然而，彤彤拿到拆迁房后却从未探望、照顾奶奶，年逾七旬的车老太长期独居，身体每况愈下。后来，老人无奈将该房出租，自己搬至养老院生活，房租用来贴补养老院费用。

彤彤偶然得知奶奶已将房屋出租并搬至养老院，在未与奶奶沟通的情况下，彤彤将租客诉至法院，并增列奶奶为第三人，请求确认其二人签订的租赁合同无效，要求租客立即迁出。

法院审理后，最终判决驳回彤彤的诉讼请求。彤彤不服判决提起上诉，中院二审判决驳回上诉，维持原判。

孙女彤彤的做法和冷漠的态度让老人心寒不已，在此案判决后车老太又起诉彤彤，要求撤销对孙女的老宅拆迁份额赠与。法院判决支持老人的诉讼请求，撤销了对彤彤的老宅份额赠与行为。

从这个案例中可以悟出三个法律小道理：第一，财产不要过早给孩子。第二，受赠人不要以为拿到财产了就完事大吉。第三，如果选择了赠与，又需要受赠人履行义务，一定要选择书面的附条件赠与。

2. 祖辈可以成为孙辈的监护人

五年前，小新被父母抛弃，只好跟着爷爷奶奶生活，两位老人成了小新唯一的依靠。小新是一个不幸的孩子，未满周岁时被诊断为小儿脑瘫，导致肢体残疾二级、智力残疾二级。狠心的父母一走就是五年。这五年时间，父母了无音讯，对小新不抚养、不治疗。

五年后，小新的父母回家，一家三口曾短暂生活在一起，但并不融洽。小新的日常生活及治疗所需费用，仍主要由爷爷老高负担。据心理咨询师和学校班主任介绍，在爷爷奶奶的悉心照料和坚持康复治疗下，小新恢复得不错。近日，孩子的爷爷老高向法院提起诉讼，要求撤销小新父母作为小新的监护人资格，并指定自己为监护人。

法院审理认为，小新为"无民事行为能力人"，而且被评定为残疾人，其长期由爷爷奶奶抚养照顾，爷爷奶奶承担其生活、治疗康复费用。小新父母长期怠于抚养、教育和保护的监护职责，不适合再担任小新的监护人。因此，爷爷老高申请撤销父母的监护人资格，符合法律规定，法院予以准许。按照最有利于被监护人的原则，爷爷具有监护能力及监护资格，指定由其担任小新的监护人更加有利于小新的正常生活及治疗需要。不过，法院判决也指出，父母对未成年子女负有抚养、教育和保护的法定义务，即便被撤销监护人资格，仍应依法负担小新的抚养费，继续履行其抚养义务。

法院的判决，使爷爷老高最终如愿以偿，获得了小新的监护人资格。一审宣判后，法官还对小新父母的失职行为进行了法庭训诫。

《中华人民共和国民法典》第二十七条规定："父母是未成年子女的监护人。未成年人的父母已经死亡或者没有监护能力的，由下列有监护能力的人按顺序担任监护人：（一）祖父母、外祖父母；（二）兄、姐；（三）其他愿意担任监护人的个人或者组织，但是须经未成年人住所地的居民委员会、村民委员会或者民政部门同意。"

二、无原则的隔代亲要不得

一位母亲抱怨说："我的妈妈不讲理，她特别宠爱我的女儿，有错也不让我批评。我闺女大概3岁的时候，调皮犯错误，我蹲下来和她目光平视地批评她，然后我妈在后面一脚把我踢了个跟头，说孩子还小，那么凶地骂孩子干什么？我打女儿，她就能打我，还说我像后妈。我说：我小时候你也打我。我妈说：你是我生的，不听话我就能打。我说：那我女儿也是我生的，不

听话我也能打。我妈又说了：你是我生的，我不让你打，你就不能打。我无语望天……"

人们常说：隔代亲。的确，祖父母、外祖父母很少有不疼爱自己的孙子女的。隔代亲不可怕，怕的是亲过了头，许多老人往往都把握不了这个分寸，亲得没有理性，"隔代亲"变成"隔代溺"。隔代亲环境下成长的孩子对爷爷奶奶的亲昵程度甚至超过父母，爷爷奶奶是父母的长辈，他们往往当着孩子的面训斥、打骂孩子父母，不论孩子是否做错事情，只要是爷爷奶奶认为自己的孙子受委屈了，就会不顾一切地替孩子"主持公道"。在孩子眼里，爷爷奶奶就是靠山，父母在孩子心中的威信力越来越低，孩子对父母的尊敬越来越少，导致羞辱父母的事情经常发生，这对孩子的发展是非常有害的。

三、隔代不要成为"猫鼠"关系

小军的父母长年在外打工，只有寒暑假期能见上一面，小军就由年迈的爷爷奶奶抚养。爷爷异常严格，奶奶也是如此，两位老人始终认为：棍棒底下出孝子。由于经常受到打骂，小军一见到爷爷奶奶就像老鼠见了猫，立马躲起来。长期和爷爷奶奶生活使得孩子专横、霸道、自私自利、情绪很不稳定，学习成绩差，排斥同学，自我保护意识强。

老人对孩子过分严厉，导致孩子长期精神紧张，遇到事情要么退缩，不敢发表自己的意见，更不敢做什么出格的事；要么冲动，不分青红皂白，粗鲁，遇事暴跳如雷。这两种极端都是不健康的表现。这种专制型的教育方式因循了中国传统的教育理念，对孩子的批评多于表扬，责罚多于奖励，使孩子产生了严重的自卑、自闭或叛逆心理。

四、建立理性的隔代关系

小学生多多，是同龄人眼中的小明星，他不仅是学校的三好学生和十佳少先队员，也是电视台的小主持人，还曾在中央电视台录制节目宣传绿城南宁……这些殊荣的获得，和外公李先生的培养不无关系。在"首届中国隔代教育最成功十大爷爷奶奶（外公外婆）"评选活动中，李先生成为广西唯一获此殊荣的老人。

"没有不爱孩子的老人，但老人的爱得有个度。"李先生说，外孙一直很喜欢吃冰激凌，放学时经常闹着要买，一般的老人经不起孩子的软磨硬泡会顺从，有的老人甚至为"讨好"孙子，还主动投其所好。因为怕伤脾胃，他一直坚持不给孩子买冰激凌。可是，偶尔有那么几次，外孙犯错并认真反省后，他

奖励了冰激凌。

两代父母教育观的分歧，是隔代教育不可回避的问题。李先生说，外孙5岁时，女儿曾把他送到外教那学英语，纯英语的环境让没有英语基础的外孙很抗拒，试听后就不愿再学了。他觉得女儿的做法会抹杀孩子学英语的兴趣，便私下和她商量，建议每天早上播放英语朗诵录音，培养语感，让孩子于不经意间学习。这招果然管用，外孙不久后就对英语产生了兴趣。

李先生认为，隔代教育只能是亲子教育的补充而不是替代，老人不能"越权"，即使有再好的教育方法，也应该通过孩子父母来执行，更不能和孩子父母"争宠"，当着孩子面指责孩子父母的教育方法。

作为祖父祖母要认清，孙辈不是自己感情赖以寄托的私有物，而自己也不是第三代的保护人。为了使孩子们健康成长，在三代同堂的家庭中，应以第二代人为核心。上有父母下有子女的中年夫妇，既要尊重老年父母，又要负起教养下一代的责任，把子女推给祖父母是不对的，祖父母争夺孙辈也是不对的。祖辈应当与父辈一致地对待孙辈，不要放纵，不要娇惯，使孩子们察觉不到父母和祖父母之间的情感差距，会有助于他们情感的成熟与稳定。当父母和子女发生矛盾冲突时，祖父母要发挥协调缓和作用，要维护第二代的尊严，树立父母威信，在第三代心中树立祖父母既慈祥又有原则的形象。祖辈家长要

以理智控制感情，分清爱和溺爱的界限，要爱得适度，不搞特殊待遇，不包办代替，不剥夺孩子的独立。孩子错了，一定要批评，这是很多祖辈做不到的，批评对孩子的成长是必要的，没有批评的教育是不完整的，没有受到批评的孩子大多心理脆弱。老年人要做到理性施爱，就必须不断接触和学习新知识、新事物，更新旧观念，掌握现代教育的"孙子兵法"，努力提高自身素质，做一个新型白发家长。

第六节　怎样调适邻里关系

我们无论是住在大城市、小城市还是农村，无论是高级社区抑或老式小区都时时刻刻要面对邻里关系，有些人重视邻里关系，有些人则漠视，有些人为邻里关系而感到困惑，更有些人因为邻里关系而怒不可遏，茶饭不思。可见，邻里关系对人们的影响是非常重大的。

一、现代邻里关系存在的问题

1. 关系冷漠，互不关心

鸡犬之声相闻，老死不相往来。邻里有事许多人装作不知道，不去帮忙。自己有事也不找邻居帮忙，宁可自己受憋。相邻十几年、几十年，互相不往来，见面互不打招呼，视同路人，你不理我，我也不理你。

2. 自私，互不相让

孙家和徐家是邻居，两家来来往往，互通有无，相处多年，相安无事，关系比较和睦。后来发生了一件事，使两家关系发生了变化。前不久，孙家买了些小白

杨栽在了自家的宅基地里。徐家认为有3棵小白杨栽到他的宅基地上了，就把这3棵树拔掉了。后来，徐家跟孙家吵了起来，从此两家成为陌路人，见了面互不搭腔，矛盾也越来越激化。后来，徐家用牛耕地，孙家说牛把他家的庄稼吃了，于是又吵又打，最后，两家人都挂了"花"。

案例反映了孙徐两家自私自利、互不相让的情况。除了斤斤计较、关系紧张的问题外，邻里之间还有互不了解、互不关心、缺乏安全感、很少沟通等现象。调查显示：当人们悄悄从单位大院迁出，当人们逐渐从城郊农村搬出，搬进水泥钢筋建造的楼房时，亲密的邻里关系逐渐被冷漠替代。和谐邻里关系的缺失是由许多原因共同造成的，它包括社会的、个人的、主观的、客观的。

3. 缺乏安全感

现在信息传播可以用光速来形容，某人出于好心却被骗了，某家的小孩被拐了，这些信息让所有人都提心吊胆，不敢相信任何人。由于社会越来越复杂，现代人普遍缺乏安全感，"不和陌生人说话"自然成了邻里之间很难跨越的一道鸿沟。

4. 缺乏沟通与宽容

大家可能都碰到或看到过邻里之间有时为了衣服滴水，或者楼上有响声的事情而大闹特闹，结果是两败俱伤，旁观者觉得是小事，而当事人却不这样认为，不依不饶，没完没了。这其中主

要原因是平时缺乏沟通，互相不了解，也就不可能建立友谊，就更不可能有宽容。如果大家平时见面都能打个招呼，那楼上滴个水，有个响声就可以在下次打招呼时善意地提出，楼上人家自然会改进，也就不会吵闹不休了。

二、正确处理邻里关系的建议

1. 互相尊重

互相尊重是处好邻里关系最起码的一条。邻居的职业有不同、年龄有长幼、地位有高低、文化有深浅，不能"看人下菜碟"，应该一律以平等的态度去对待。早晚相见，要热情打招呼；唠起家常，要推心置腹。对待邻家的孩子，说话也要和气，如果他们做错了什么，不能随意呵斥，否则会引起家长之间的不愉快。邻里之间的尊重要出自内心，决不能当面一副面孔，背后另一副面孔。特别要注意的是，不能在邻居间扯"长舌"、说闲话，以免引起无端的纠纷，影响邻里团结。

2. 互相了解

有一位单身女子，隔壁住了一个单亲妈妈与两个女孩。在日常生活中，单身女子总是想办法帮助她们。一天晚上，忽然停了电，室内漆黑如墨，单身女子十分害怕，即刻上床卷缩成一团，并用被子把自己蒙住。过了一会儿，忽然听到有人敲门，女子更加害怕，也不敢搭言，用被子把自己裹得更严了。就听门外说："阿姨，我是隔壁的雯雯，妈妈让我来与你作伴，请你开门！"单身女子一听很高兴，立即下了床，打开门，只见雯雯举着点燃的蜡烛站在门口，雯雯的妈妈和妹妹站在后面。单身女子感动得热泪盈眶……

邻里相处的基础是相互了解。相处得好的邻里基本上对对方都有一个比较详尽的了解，如对方的职业、特长、习惯、爱好、夫妻关系、家庭关系、亲友关系等。只有了解对方才能在相处中把握好分寸，提供的帮助能够恰到好处。

三、邻里之间应该相互谦让

清朝年间，宰相张廷玉与一位姓叶的侍郎同朝为官，他们都是安徽桐城人。两家比邻而居。有一年，两家都要建房造屋，为争地皮，发生了争执。张老夫人便寄信给张廷玉，要他出面干预。没想到，这位宰相看罢来信，立即作诗劝导老夫人："千里修书只为墙，让他三尺又何妨？万里长城今犹在，不见当年秦始皇。"张老夫人见信明理，立即主动把墙往后退了三尺。叶家见此情景，深感惭愧，也马上把墙让后三尺。这样，张叶两家的院墙之间，就形成了六尺宽的巷道，成了有名的"六尺巷"。

这个故事说明，邻里之间要相互谦让、相互谅解，退一步，海阔天空，这样才能保持长久和睦。古人能做到"让一让，三尺巷"，如今的我们也要做到以和为贵，切不可"得理不饶人，无理争三分"。

四、邻里之间要多为对方着想

汉代有个人叫罗威，邻居家的牛多次吃了他家的庄稼，他和邻居交涉，邻居不予理睬。罗威并没有火冒三丈，而是想，问题的焦点在牛，就从牛身上去寻找解决矛盾的途径吧。于是，每天天不亮他就起床去割青草，然后悄无声息地堆放在邻居家的牛圈前。牛一闻到鲜嫩的青草，就大嚼特嚼起来，吃饱了就睡觉，再也不去吃庄稼了。邻居每天起来，总看到牛圈前有一堆青草，颇感纳闷，经观察，知是罗威所为，顿觉愧疚，从此对牛严加看管。"罗威饲犊"的故事也就传为美谈。

邻里关系处理得好的关键，就是凡事要先想到他人。比如，当你白天准备放开音量收看电视或听音乐时，应先想想邻居有无上夜班在家休息的；当你在高楼阳台为花浇水时，应先看看楼下是否有人，有没有晒着衣被；当你的孩子与邻居小孩吵架时，不要先责备别人的孩子；当你要在宅基地上砌房造屋时，应主动请左邻右舍共同找出宅基界⋯⋯这样就可以避免一些不必要的矛盾和纠纷。

五、邻里之间要相互帮助

70多岁的贾大爷原来生活在农村，后来搬到城里，闲来无事，几个老哥们聚到一起唠家常，贾大爷回忆说："我们那会儿住在农村，田间、村头、院子到处都是周围的邻居，大家在一起聊生产和生活，谁有个委屈了，大家就一起劝着，给人把情绪理顺。"他又说："谁家老人病了就帮忙照看，农活相互帮着做，娃娃在一起闹着，吃饭的时候邻居们在一起，就像一个大家庭。"

"老王，我这会烧菜没酱油了⋯⋯""自己过来随便拿。"一提起过去，王师傅就眉飞色舞，他很形象地描述了当年住在"筒子楼"里的普通生活场景。"一层楼只有一个公共厕所，一个公共水龙头，上了楼梯，一眼望去各家的灶台都挨着长廊，到了做饭的时候，谁家吃的啥你都知道。"王师傅又说，"像老人病了，接送小孩这样的事情，邻居都是很主动地相互帮助。有一年我媳妇回娘家一段时间，我又要上班又要照顾孩子，忙不过来，结果邻居们每次做好了饭就给我和孩子端过来。"

贾大爷和王师傅的经历应了那句老话：远亲不如近邻，近邻不如对门。

六、敲开邻居的门有助幸福

有一个小区，邻里之间见面很少说话，有的明知是邻居，却从来都不打招呼，后来发生了一件事情使人深思。一住户的下水道堵塞了，想去楼下说一声捣鼓捣鼓，结果，由于从没有说过话，不愿张这个口，就叫认识楼下的另一个楼的熟人去对楼下说，拐弯抹角的，麻烦虽不少，结果却不行，楼下的邻居不听这一套，不成，不答应！就是不愿意！楼下的意思是楼上的亲自对我说才行，没有办法，楼上的硬着头皮红着脸去叩开楼下的门，才算是解决了问题。通过这个事情，楼下和楼上的成了真挚相处的好邻居。

无数事实证明：成为邻居的确是个难得的缘分。邻里缘分犹如一把锁，打开不难，锁上也容易，但钥匙就在你自己手中，关键在于你愿不愿意去打开它。邻里之间的关系处理好了，不仅是困境中的帮手，还是一笔难得的财富！可见，不知邻家姓甚名谁的邻里关系，应该而且亟待改善。鼓足勇气敲开邻居的门就是追求幸福（没有必要不要轻易敲门），有意无意封锁自家大门就是自寻烦恼。

第三章
如何搞好家庭建设

　　家庭建设是指加强家庭教育、传承良好家风、提升家庭成员素养、密切家人关系、改善家庭环境、创造家庭财富、提高家庭生活质量和幸福指数等方面的发展行为。家庭建设既是家事，也是国事，关系着个人健康成长、社会和谐稳定和国家繁荣发展。新时代的家庭建设包括家庭物质文明建设与家庭精神文明建设。家庭建设是国家建设、社会建设的基石，是民族文化传承的重要基础，是社会和谐发展的稳定器。千千万万家庭建设好了，中华民族就好了，社会就安稳了，国家就长治久安了。

第一节　搞好家庭物质环境建设

　　家庭物质环境是基础，是直接影响家庭心理环境的重要因素。需要强调的是，家庭物质环境并非豪华、奢靡就好，而主要考虑的是实用性、舒适性，即环境是否符合家人的心理需求，是否能够满足家人特别是儿童成长、发展的需要。

一、创造良好的居住环境

　　对人类影响最大的莫过于居住的生活环境，良好的居住环境不仅有利于人类的身体健康，而且还为人们的大脑智力发育提供了条件。现代科学研究表明，良好的环境可使脑效率提高15%～35%。对于一个家庭来说，买房或建房不是一件小的事情，并且也不是一个人居住，关乎到整个家庭的利害关系。家庭生活环境不好不仅会影响全家人的休息，还会影响孩子的学习。为优化家庭环境，建房或买房要选择既方便孩子上学又相对寂静并且没有污染的地方。过去人们买房首先考虑住房的建筑面积，20世纪90年代末逐步瞄准环境，而今天人们开始关注房屋的居住文化。这是人们生活水准上升，素质普遍提高的标志。居住，是人们家庭生活的基本需求之一，是实现家庭功能的基本条件。现在，人们在吃饱穿暖的前提下，对居住条件的要求也越来越高了。人们对居住环境的要求已由原先"住得下"逐渐发展为"住得好"，要求数量和质量、功能与环境并重，追求居住的舒适性、私密性、实用性，这种需求的变化给住宅设计带来更高的要求。

住宅不仅是人们生活的场所，还有可能成为"办公室"。托夫勒在《第三次浪潮》一书中提到，未来社会，将有更多的人回到家庭中去生产或办公。在通信设施完善的情况下，部分人在部分时间里在家办公是完全可以做到的。

二、美化家庭环境

有位著名的室内装潢专家这样说过："房屋空间的布置，是屋主对未来的憧憬。"风格优雅、整洁美观、舒适宜人的家庭环境，能够使家庭成员心境舒适、陶冶情操，并能成为子女养成良好的生活习惯的外在刺激，其教育作用不能低估。家庭环境的布置，往往能反映出父母的审美情趣、审美艺术修养和文化水平。

家庭成员应根据家庭的经济条件学会提高布置优雅家庭生活环境的技能。家具的购置、摆放，房间的装饰，应将实用性与艺术性结合起来，追求高雅的情趣。在居室内，要根据客厅、卧室、书房、餐厅、卫生间等的不同功能，进行不同的室内装饰，选择不同的室内色调，不摆设不合身份的东西。要经常打开房门和所有窗户，让阳光、微风、雨声、鸟声、花香和泥土的芳香统统进入居室，这可以充分刺激孩子的视觉、听觉、嗅觉等感官，

发展孩子对事物的感受能力。

另外，家庭环境的美化要让孩子参与，让其体验快乐的同时培养其审美能力，长大后提高艺术审美品位。

在美化家庭环境方面，绿化居于特别重要的地位。没有红花绿叶，家庭就会是单调的灰色。而且人类与植物共生，是生态平衡的基本要求。栽花种草具有吸附粉尘、净化空气、愉悦心灵、增添情趣的作用，有利于人的生理、心理健康。

为保证孩子有效地学习，有条件的家庭可以给孩子一个单独的房间；若没有这样的条件，则有必要在家里选择一处光线最好、最僻静的地方作为专供孩子学习的固定位置。首先，房间墙壁贴上孩子喜爱的人物画像、图片或漫画等，可鞭策孩子进步，也可调节学习气氛。其次，要随时更新墙上的字画。无论什么标语口号，若贴得过久，就没有新鲜感，人们也就不会在意。同样的道理，在孩子书房贴的字画若不经常更换，也形同虚设。再次，专门留下一个角落，张贴或陈列孩子曾经获得的荣誉证书和奖状等。最后，腾出一个柜子作为孩子的"博物馆"，把试卷、作文、标本、小工艺品等装在里面。

三、防止家庭污染

周阿姨的儿子刚买了新房，为了照顾孙子，周阿姨搬到了儿子的新房子住，但搬进去没多久，周阿姨就开始咳嗽不断。每当儿媳放假，她就会回到老屋住上几天。"在新房子里，喉咙特别难受，老是咳嗽。"周阿姨说，回到老屋，上述症状就基本消失了。但孙子的照顾任务是当务之急，她不得已还是住在儿子的新房子里。这两天咳嗽得越来越严重，于是她去看了医生。医生得知周阿姨家的房子刚刚装修完，建议周阿姨多到室外走走，呼吸新鲜空气，如果条件允许，就先搬离刚装修的房子一段时间。

一般来讲，新房装修以后，由于居室装修的油漆、地板、家具、涂料、粘合胶等都会散发一种无色有毒的气体，那就是人们常说的甲醛，当这些有害气体挥发后很容易被人体吸入，如果长久吸入的话，容易引起慢性的中毒现象，而幼儿、孕妇、老年人对甲醛特别敏感，这就是周阿姨呼吸道疾病病情加重的原因。在家庭中，这样的污染只是一个方面，污染的类型和污染源还有很多，一定要注意预防。

四、改变家庭脏乱差的局面

一位妈妈说，女儿放学回家后，随手把书包一扔，鞋子脱的满地都是。有时候，上学前连书都找不到，我非常生气地问她，你这个臭毛病是跟谁学的？谁知她抬头看了我一眼，说道，有其母必有其女。女儿的话让我哑口无言。我下意识地扫了一眼房间，没看完的书、昨

天吃剩下的零食、前天没有倒的垃圾、今天的衣服也没有洗……我和老公都是在生活中比较随性的人，对于做家务，从来也没有在意过。我和老公每天下班之后，已经非常疲惫，都是直接窝在沙发里抱着手机刷朋友圈儿。其实刚结婚的时候也不是这样的，当初家里有条不紊，干干净净，所有的东西都摆放得非常整齐，可能是时间长了，也有可能是生活的压力，形成了懒惰的坏习惯，偶尔朋友来家里串门，才会稍稍收拾一下。可今天女儿的话，让我幡然醒悟。长期让孩子生活在这样的环境里，潜移默化中也改变了她的性格。

上周日，我去同事小蒋家串门儿，刚进房间就闻到了浓郁的花香，整个客厅都非常干净整洁，门口的鞋子摆放得井井有条。这时候我想起了我们家的场景。小蒋的女儿正在书房里练字，我把事先给小蒋女儿买的礼物拿到书房，我环顾一周，就被浓浓的文化气息所感染。书架上一排排书一尘不染，书桌上的毛笔砚台也摆放得非常整齐。我对小蒋的女儿说道，你家可真干净。小蒋的女儿笑了笑回答，谢谢阿姨送我的礼物，我们家一直是这样。我不由得心生敬佩。中午吃饭的时候，我对小蒋说，你女儿在这么干净整洁的环境里成长，怪不得学习成绩一直名列前茅。小蒋回答道，环境其实跟孩子的学习是有很大关系的，干净的生活环境会让人心情愉悦，可以专心地做一件事情。事后回想，我们家这样脏

乱差的环境，我有着不可推卸的责任。家庭环境真的会对孩子产生影响，让孩子不能专心地做一件事情，学习成绩也可想而知。

一项名为"家居环境与幸福指数"的调查显示，89.5%的人认为改善家居环境可以提高家庭幸福指数，84.6%的人看到家里脏乱，心情会变差，53.8%的人会因为家里脏乱而跟配偶吵架，40.5%的人认为家里脏乱会成为导致夫妻离婚的原因之一。受访人群无论男女，大都表示会因为家里的脏乱而影响心情，进而影响家庭生活和婚姻质量。

第二节　加强家庭经济建设

家庭经济是指以家庭为单元，以血缘、亲缘关系为纽带，以市场为导向，依靠自身力量从事生产加工、服务经营等活动的经济实体和经济形态。重视发展家庭经济，使每个家庭有丰实的收入，是建设小康社会的重要方面。和谐的家庭必然建立在一定的物质基础之上，基本的经济生活条件是家庭生存的需要。对于一个家庭来说，夫妻和睦、孝老爱亲、教育子女、学习进取、热心公益等都离不开一定的物质基础做保障。如果家庭成员衣不蔽体、食不饱腹，天天愁吃愁穿，为起码的生计而心力交瘁，这样的家庭很难说是幸福、和谐的。如果缺乏必要的经济条件，家庭成员之间往往会因为"钱"产生矛盾，而且没有基本的经济生活条件，绝大部分家庭是难以维系的。但是，这并不是说，只有富裕的家庭才和谐。"饱暖思淫欲，富贵生淫心"是有一定道理的，那些搞婚外情的人，其家庭很难和谐。

一、学会理财

家庭理财是以家庭为单位进行各种投资与财物管理，通过有效控制风险，使家庭财产有效地保值和增值，实现家庭资产收益

的最大化，减少不必要的浪费，从而达成家庭的各种生活目标。家庭理财是摆在每个家庭面前不可忽视的重要课题。谈到家庭理财，有人会认为，我们国家还不富裕，多数人的家庭收入还不算高，没有什么闲钱能省下来，哪里还谈得上家庭理财。其实，这是一种不正确的看法。有的家庭虽然收入不多，日子却过得很滋润；有的家庭收入较多，但往往捉襟见肘。这就说明家庭理财的重要性。俗话说："你不理财，财不理你""吃不穷，穿不穷，算计不好一世穷"。理财不是投机取巧，不是凭运气，而是一种智慧，一门学问，需要具有持之以恒的毅力，并掌握实用的技巧。

既然家庭理财是门科学，我们就必须以科学、理性的态度来对待它。只有这样，才能达到理财的目的。要做好家庭理财工作，就要建立科学的理财观。在现实生活中，有相当一部分人的理财观念是落后的，如把理财看成守财，把储蓄当成唯一的理财手段等，这些观念，与现代家庭生活的要求是不相符合的，与家庭理财的最终目标——不断提高家庭的生活质量与家庭成员的素质也是悖逆的。现代家庭科学的理财观应该是：在家庭理财目标的指导下，开源节流，勤俭持家，科学地、有效地调度和使用家庭的钱财，让钱财发挥最大的效益，并适当引入信贷消费机制，以便不断提高家庭生活的水平和质量。家庭理财大致有五个步骤：一是了解家庭财务状况；二是设定理财目标；三是评估风险承受能力；四是选择投资工具；五是寻求专业人士帮助。

二、搞好家庭投资

投资是指货币转化为资本的过程。投资可分为实物投资和证券投资。前者是以货币投入企业，通过生产经营活动取得一定利润；后者是以货币购买企业发行的股票和公司债券，间接参与企业的利润分配。

随着国民收入的普遍提高，大多数家庭在安排好衣食住行的花销之后，往往还有节余。人们传统的做法是将这些节余的钱存起来，以备不时之需。在金融市场日益繁荣、理财产品层出不穷的今天，怎么存钱才合理合算，如何让闲置的财力创造新的财富，越来越成为家庭生活中的重要话题。

家庭投资是以获得经济效益为目的的运用资金的行为，即家庭有目的、有计划地把家庭不直接用于消费的资金，运用于其他途径而获得更多经济利益的行为。家庭投资方式主要有：储蓄、股票、债券、期货、保险，等等。

三、构建合理的家庭消费结构

家庭理财，实际上就是处理好收入与消费、收入与投资的关系。这里讲的"消费"与"投资"是兼容的，有些消费就是投资，有些投资就是消费。因此，一个家庭要理好财，要发挥钱财的最大效益，就必须构建合理的消费结构。

家庭消费又称居民消费或生活消费，是人们为了生存和发

展，通过吃饭穿衣、文化娱乐等活动，对消费资料和服务的消费。从一般的意义来说，我们主张采取家庭、事业、消费三者统筹兼顾的消费类型，这样既求得事业的发展，又能得到家庭的乐趣和生活的享受。那种偏重于事业或家庭某一方面的类型，总是片面的，有悖于作为健康人的发展。至于那种生活格调比较低下的不合理的消费类型是我们不主张的，它会把家庭消费结构引向歧路。超前享受不提倡，盲目消费不可取，要坚持从实际需求出发，树立量入为主的理性消费观，合理使用借贷产品，选择正规机构、正规渠道获取金融服务，避免落入过度消费、入不敷出的陷阱。

构建合理的家庭消费结构，就要合理地安排家庭对生存资料、享受资料和发展资料的需求，即在满足家庭基本生活的基础上，合理地增加享受资料和发展资料的预算，使家庭理财既考虑到物质生活的需求，又考虑到精神生活的需求；既考虑到今天的家庭生活，又考虑到明天的家庭生活。在这个原则的指导下，家庭的消费结构可选择以家庭生存和消费为基础，享受消费和发展消费并重式的家庭消费结构类型。

构建合理的家庭消费结构，需要随着时间和环境的变化及时做出调整，不能搞一贯制。例如，随着生产力的发展，家庭收入水平逐步提高，就要逐渐调整物质消费和精神消费比例，饮食结构以及吃、穿、住、用等方面的不平衡，使之由不合理趋向合理。另外，家庭还要根据环境的变化、资源配置的变化来刺激优势资源的消费，避免短缺资源的消费。

第三节 怎样搞好家庭生活设施建设

现代家庭生活设施是家庭建设的重要内容，也是现代家庭幸福的重要标志。对它管理得当，可使家庭省时、省力、省钱，从中获得称心如意的享受；反之，如果管理不当，会给家庭带来无穷无尽的烦恼，也就是人们常说的"花钱买气受"。掌握现代家庭生活设施管理知识，树立正确的思想观念，了解一般购置决策的规律，懂得设施的使用和保养维护方法，从而不断提高现代家庭设施建设的水平，会给温馨的家庭增添幸福。

一、正确使用家庭生活设施

《楚天都市报》曾报道，某高校男生宿舍第22栋一寝室起火，校方保卫人员用灭火器及时扑救，四个床位烧毁了两个。起火时寝室里没人，因台灯没有关闭，电线短路引发火灾。

其实，安全隐患就在我们身边，由于家庭生活设施特别是家用电器引发的火灾案例比比皆是。无论多么先进的家庭生活设施，都不是"长寿商品"，到了一定年限就该"退休"。一些家用电器正常使用年限如下：电视机8—10年，个人电脑6年，电冰箱12—16年，空调8—10年，洗衣机8年，电热水器8年，电饭煲10年，微波

炉10年，煤气灶8年，吹风机4年，电风扇10年，吸尘器8年……

生活设施虽然给我们带来了很多便利，但是使用久了也会惹麻烦，老化、损坏的情况时有发生。因此，家庭生活设施无论大小，除了选购优质产品以外，还要正确使用并细心维护。正确有效地使用，有助于提高生活质量；若使用不当，不仅会出现故障，给人带来不便，严重的还会招致损失，影响安全，"帮手"也会变成"杀手"。另外，对生活设施要注意保养，如果日常生活中常常积累一些生活小知识，注意对各种生活设施进行养护，就可以节省许多金钱和时间，还能够避免一些危险和损失。

二、现代家庭设施的分类

现代家庭生活设施大大小小，数以百计，但是，根据现代家庭生活设施使用的功能，可以把它们分为三大类。

（1）日用家庭生活设施。这是家庭中需求量大、使用频率高且花钱不太多的一类设施。如搪瓷器皿类的杯、碗、盆；铝制品类的锅、盆、壶；玻璃制品类的杯、瓶、壶；不锈钢类的铲、瓢、勺、碗、盆等。

（2）耐用家庭生活设施。这是家庭中花钱最多且省力、省时，带给人的享受也是最多的一类用具。如小家电有电动剃须刀、电熨斗、电饭锅等；大家电有冰箱、电视机、净水器、高级音响、家庭电脑、家庭影院、小轿车等。

（3）特殊性家庭生活设施。这是专为家庭中的老弱病残妇幼所用的物品，如瘫痪病人的轮椅车、儿童学习机、学生的收录机、妇女的美发棒等。

三、购买家庭用品，"实用"才是硬道理

市民杨大妈是一位退休干部，平常注重健身。她听别人说，摇摆机只要几百元，减肥效果不错。不久前，她到实体店了解情况，经营人员说摇摆机通过自身震动，让人体肌肉活动起来，靠物理运动减肥，最适合老年人。杨大妈觉得不错，立即回家安排女儿网购一台。

女儿非常孝顺，照办。几天后，摇摆机到货。摇摆机不大，能容下一个人站立。打开电源后，左右震动，整个人的肌肉就会抖动起来。起初，杨大妈每天都要站上去抖几次，每次约半个小时，非常兴奋。久了之后，杨大妈渐渐发现，站在摇摆机上有眩晕的感觉。最关键的是，杨大妈觉得摇摆机并没有达到宣传效果，体重基本无变化，于是将它放到茶几下。"既不是摆设，还占了地儿。"杨大妈有些后悔。

购物，是每个家庭生活的重要元素。随着现代物流的发展、交易平台的多样化，各种家庭用品都可以轻松买到。许多人买东西时随心所欲，使用时却发现并不得心应手，后悔成为常态。许多家庭都有中看不中用的物品，弃之可惜，使用，效果甚微。

专业人士认为，购物一定要具备"刚需""常用"两大元素，否则，可能好看不中用。

四、家庭生活设施建设的原则

1. 适用性原则

适用是对一切商品最基本的要求。首先，就商品本身而言，它应符合广大群众的要求。其次，就消费者而言，所购商品要适合消费者个人及家庭的需要。我们采购日用品时，一般应考虑以下几个要求：一是用具品种规格要符合使用的实际需要；二是注意优先选购多功能商品；三是注意了解和采用新产品；四是对于一部分价格较高的产品要注意其整体效用；五是应考虑商品使用上的便捷性。

2. 可靠性原则

我们购买生活设施是为了使用，从而得到好的效果，但是，许多用具往往是"利害相连"，有利的用具如果使用不当，也难免带来危害。我们要尽可能避开用品带来的危害，避免不安全的因素。一是注意安全性，日用品在各种使用情况下应保证不发生人身事故和物品损坏；二是卫生性，日用品应当不影响人体生理功能，不损害人体健康；三是耐用性，日用工业品使用时间一般较长，价格也较高，因此，要耐用。

3. 美观性原则

人们购买生活设施，在满足某种实际需要的同时，还为了美

化居室环境，日用品可以起到装饰品的作用。比如买茶杯，首先是为了用来喝水，同时也讲究茶杯的造型新颖、别致。不论选择什么商品，要多观察几个品种花色，仔细考究其式样、色泽、花纹和质地。

美观的商品不一定是很昂贵的，有时恰恰需要一种质朴美、粗犷美，有的以婀娜多姿受宠，有的以线条明快、材料本色取胜，要依自己家的风格和现有用具及个人兴趣爱好而定。

4．经济性原则

现代家庭生活设施日益丰富，新产品层出不穷，而每个家庭的购买力是有限的。因此，需要对整个生活支出有通盘考虑，在选择每件用品时都有个用钱的"上限"，既不可贪便宜买些质量太差的商品，也不要过分追求豪华贵重的东西。

五、家庭生活物品的管理

马先生对家庭生活物品实行了"ABC管理法"，效果比较好。马先生的做法是：把家庭生活用品分成三类：第一类是少数关键的A类物资，需要重点管理；介于第一、第三类之间的第二类（B类）物资实行一般管理；大量廉价、普通的第三类（C类）物资实行粗放管理。

A类物资，一般包括汽车和家用电器，如电脑、电话、电冰箱、彩色电视机、洗衣机、电饭锅、吸尘器、电风扇、空调机、微波炉、净水器、高档沙发、高级衣料等；还有户口本、身份证、毕业证、职称证书、技能证书、房产证、保险凭证、有价证券、存折、现金、金银珠宝、字画文物等重要物品。这些东西分类存放，精心保管，安全使用，要格外注意，不可掉以轻心。

C类物资包括油盐酱醋茶等，虽然不值钱，但使用效率高，每天离不开，因而也应放置得按部就班，有条不紊。如果随便乱扔，早晨上班时，发现皮鞋脏了，要擦点鞋油，却找不到，必然导致生活秩序的混乱，给生活带来一些不必要的麻烦。日常用品管理好，放在固定地方，使用起来就方便多了。

B类物资是介于上述两者之间的物品，如一般衣物、家什、被褥等，只进行一般管理就行了。

现代家庭生活使用的物品日新月异，品种日益丰富，若对这些现代化物品不了解，一是无法购置；二是不会使用；三是不会管理。要搞好家庭物资管理，就要懂得家用机械、电器的选购、使用和维护常识，懂得衣服和织物的购置、收藏和保养知识，懂得食物、饮食器具的清洁、洗涤和制作方法，懂得财产管理、分类、登账、置放的科学方法。物品要安放有序，要注意科学使用与保管，防止隐患。这样，既能延长使用寿命，还能提高使用效率。

家庭生活物品的管理方式多种多样，随着现代通信技术、计算机网络技术以及现场总线控制技术的飞速发展，智能化的概念开始逐渐渗透到我们生活中的方方面面。小精灵管家是一款界面简洁美观，操作简单的实用型信息管理软件，能实现管理个人、家庭的各种信息，集家庭理财、家庭物品、通讯录、事件提醒、电子日记、万年历等功能于一体，非常适合个人、家庭使用。

第四节　怎样建设家庭精神环境

家庭精神环境指人的意识、思维、心理、情感等精神活动发展所需要的精神要素，包括家庭成员间互动形成的人际关系和心理氛围以及家庭成员的道德观念、价值取向、审美情趣等。家庭精神环境指软环境，它诉诸人的内在情绪和感受，主要包括：家庭结构、家庭成员之间的关系、家长的教育方式、家长的行为方式、家长的文化素质等。

物质环境是人类生存的基础，而精神环境是人类生存的基本条件。精神环境随时记录着每个人的言行，储存着每个人的信息，将人们的精神活动凝结为社会的精神状态、精神面貌、社会风气等。在精神环境的互动过程中，每个人在不断地受到他人影响的同时，也在影响他人，使每个人置身于精神环境之中，受其熏陶、感染和陶冶。精神环境的质量，将直接影响社会的进步和个人的发展。

一、父母相亲相爱是构建良好家庭精神环境的核心要素

有一对夫妻共同接读幼儿园的女儿回家，途中两人大吵起来，最后竟然扬言要离婚。争吵暂告一个段落

时，他们才意识到孩子还在后面。这时候，他们看到女儿正蹲在地上拿着画板画画，画面上是两个表情愤怒的大人，他们中间躺着一个小孩。妈妈好奇地问："地上怎么会有个小孩呢，她怎么了？""死了！"孩子说。"怎么会死了呢？"女儿沉默了一会儿，说："因为她爸爸妈妈吵架、分手……"

女儿的话深深地震撼了他们。这件事让小女孩的父母产生了警觉：在孩子的成长中，最需要的就是安定、安心、安全的精神环境，其主要因素是父母完整的爱。当着孩子的面，父母最好不要吵架，夫妻之间要相互信任和体贴，以免给孩子带来精神上的恐慌。

二、营造和谐的心理环境极为重要

提起自己的成长经历，代先生显得很无奈，觉得往事不堪回首。他说：我是一个缺乏安全感的人。为此，在职场人际交往中，我不懂拒绝，害怕得罪人，进而为维护"虚假"的情谊，而做出一些对己或对公司不利的决策，给自己有限的人生平添了诸多困扰和麻烦。其中缘由，要从"家庭氛围"说起。记事起，和父母在一起生活的时间屈指可数，但就是那些被我视为珍宝的时光里，大多都被剑拔弩张、争吵互怼、紧张严肃的家庭氛

围所包裹。这种氛围源自父母因不值一提的小事而争吵升级，又或者因我和弟弟一声哭泣引发父亲横眉竖眼的斥责以及"没出息、晦气"等言辞的压制。这让我从小就害怕冲突，害怕一句话没说对就被骂，加之童年和青少年时期，最关键的心理成长阶段，被寄养在多个不同的家庭环境中，那种飘摇不定的无奈以及要努力维系乖孩子形象以获取安定的感觉，塑造了现在的我。我不能说自己的人格不健全，但多少背负着一些不利于心理健康的成长烙印，它们看似无声，但却鬼使神差般影响着我的言行决策，乃至内心的幸福感和价值感。

家庭心理环境也叫家庭心理氛围，人人都需要健康的家庭心理氛围，而孩子对良好家庭心理氛围的感受和需要，比成人更加迫切和重要。从一定意义上讲，有什么样的家庭心理氛围，就能使孩子形成什么样的个性。

国内有调查研究结果表明：在"和睦""平常""紧张"三种不同的家庭气氛条件下，孩子的学习成绩和品德都存在明显的差异。生活在"和睦"家庭的孩子学习成绩和品德均优于"平常"家庭的孩子；而"平常"者又优于"紧张"者。调查还表明：人只有在乐观、开朗、心情舒畅的积极情绪状态中，才能从事持续的智力活动。心情愉快、乐观的孩子，不仅性格活泼，智力提高快，而且身体发育也好；而那些情绪低沉、消极的孩子，则智商不高，身心发育也不好。可见，营造良好的家庭心理氛围

是多么的重要。

三、构建良好的语言环境

广场上很热闹，大人有的聊天，有的下棋，有的跳舞，有的玩扑克；小朋友玩得更是不亦乐乎，有一个场景格外引人注目：几个小朋友都在争着骑一辆儿童自行车，其中一位孩子的母亲一把就把女儿拽了回来并斥责道："你不知道自己笨吗？骑个滑板车都能摔破腿，还想骑自行车，你不要命了？！"妈妈说完，小女孩低着头揉搓着自己的手指，小声嘀咕："妈妈你能好好说话吗？"妈妈又大声吼道："好好说，好好说你听吗？"

这位妈妈斥责孩子的本意是对孩子的关心，是恨铁不成钢，可是说出来的话却让孩子难以接受。孩子对父母说话时的语气和情绪是非常敏感的，所以，在生活中，家长尽量不要带着坏情绪对孩子说话，不要使用语言暴力，话出口前先思量一下，是不是有更好的表达方式。父母与孩子好好说话，让孩子如沐春风，如浴阳光，亲子沟通才能有效。

四、异常精神环境的表现与矫正

调查发现，绝大多数成绩不好的孩子，不是因为智力不行，而是因为受不良的家庭精神环境影响。一些父母将居室布置得漂亮干净，却忽略了小家庭的精神环境。他们自觉或不自觉地制造精神垃圾，侵蚀、毒害孩子纯洁的心灵，严重影响孩子的身心健康成长。家庭异常环境的表现主要有：

1. 家长爱发脾气

小凌是个男生，其性格冲动、易怒，经常欺负女同学，常因为一些鸡毛蒜皮的事和其他同学发生口角，甚至打起来。说谎、随意拿他人的东西、顶撞老师，常说一些有侮辱、攻击性质的话。而且，他非常自我，很少参与班级的集体活动。课代表收作业的时候，他总是拖拖拉拉，不是抄别人的，就是自己随便写。经调查了解发现，他的家庭条件较好，父亲是一个容易冲动、爱发脾气的人，对于小凌的不良行为，他父亲是通过打骂来制止的。但是，这并没有起到什么作用，反而让小凌更加叛逆。

在家庭生活中，孩子是父母坏脾气的主要受害者，常常被父母的大发雷霆吓得胆战心惊。父母的坏脾气，对长期生活在自己身边的子女，影响甚深，一般会造成两种结果：一是由于孩子害怕父母，生活在恐惧的环境中，变得性格懦弱；二是孩子遭受家庭暴力往往会产生逆反报复心理，从父母那里学会了发脾气，学会了使用暴力，性格变得强势，具有攻击性。

有研究表明，暴风雨般的愤怒，持续时间往往不超过12秒钟，控制好这12秒，就能排解负面情绪。发脾气是人的本能，但控制好自己的负面情绪，那就是本领了。

2. 家长爱抱怨

田女士喜爱抱怨，不管是和谁在一起，都有倒不完的苦水，从缺斤短两的卖菜小贩，到银行插队的中年大叔，从半个月不见晴的梅雨天气，到门口的路有些不平，从官吏的贪污腐化，到社会许多事情的不公平，生活中的一切人、一切事都可以成为田女士的抱怨对象，邻居背地里叫她"祥林嫂"。有一次，田女生和闺蜜聚餐，出门前碰到了王女士，她没完没了地抱怨了半个小时，王女士整个人心情都不好了。后来，王女士和邻居们都躲着她。

那么爱抱怨的田女士，又有怎样的孩子呢？田女士的孩子和她如出一辙，仿佛一个模子里面刻出来的，极其喜爱抱怨，整天负能量满满。小小的孩子，每天张嘴就是学校里水平差的老师、愚蠢爱打闹的同学、过于繁重的作业，他甚至会抱怨自己的父母没有钱，不能给他提供好的生活。很明显，孩子生活在这样的环境中，不仅压抑、痛苦，还学会了母亲的抱怨，变成了一个负能量的人，小区里的孩子都不和他玩。

像这样爱抱怨的父母，就是落后的父母。说起落后的父母，也许很多人会联想到：在事业上没有成就的父母。但这里的落后，是指父母思想的落后、行为的落后、品德的落后。父母长期的抱怨，会对孩子产生潜移默化的影响，孩子不但学会了抱怨，还会变得自卑。

3. 缺乏父爱

"爸爸，我向你借一天，陪我玩一次，长大后我会还你100天。"这是一个孩子向父亲提出的诉求。他的父亲是一名长途车司机，每天早出晚归，有时甚至一连几天不回家。从孩子记事起，就一直过着没有父亲的生活。父亲忙工作，从没陪孩子过一次儿童节，甚至忘记了儿子的生日。孩子说："六一儿童节那天，看着别的小朋友和他们的爸爸一起开心的样子，我就恨爸爸。"

据美国耶鲁大学的科学家所做的一项研究表明，由男性带大的孩子智商高。他们在学校里的表现往往更好，将来走向社会也更容易成功。他们的这项调查持续了12年，从婴儿跟踪到十几岁，他们发现，男性的特点往往是大胆、果断、自信、独立。女性在这些方面则略显薄弱。这就显示出了男性教育所不能替代的作用。

4．家长为官不廉

原某省领导李××，对儿子"教育"有加，他利用省领导的特殊权力为儿子牟利，先是安排儿子移居香港，后又让其留学美国，再往后让其办公司，使儿子在短短6年时间里，敛财3000多万元。儿子在狱中曾忏悔说："亲情膨胀了我的贪欲，父母的关爱扭曲了我的人生，贪婪笼罩下的亲情既毁灭了我，也毁灭了一个幸福的家庭。"

许多贪官，为了子女的仕途和富贵，费尽心机，用尽手段，结果落得个身败名裂、双双入狱的可悲下场。天下为人父母者都要以此为鉴，在对子女的教育问题上，一定要切记"上梁不正下梁歪"的古训。

第五节　怎样建设良好的家庭法治环境

法治教育不应成为家庭教育的盲点。对家长而言，需要提高自身的法律意识，防止犯罪，家长犯罪不但危害社会，还会给孩子造成众多负面影响，这样的教训是很多的，因此，家长要知法守法，为孩子做表率。对孩子来说，法治教育是一个由认知、认同到行动，由不自觉到自觉的过程。守法并不是与生俱来的本能，而是后天习得的本领。对孩子进行法治教育不仅是法律知识的传授，更重要的是传达法治精神，了解法律底线，从小建立规则意识，提高法律素养，预防犯罪。

一、家庭法治教育要从家长抓起

有这样一个发人深省的案例：未成年人温某某是一个盗窃惯犯，据他交代，每次盗窃销赃后，都给父亲10元钱，作为盗窃工具的借用费，其父亲不但没有训诫他，而且每次都照收不误。有了这样的父亲，儿子怎会从良？

案例反映了家长法治意识的淡薄，不是对法律知识懂得太少，就是明知故犯，过不了亲情关。家长自己不懂法，或者懂法不守法，甚至包庇孩子的违法行为，这样的做法肯定会酿成悲

剧。教育子女懂法，最重要的是家长首先要学法、懂法，不做"法盲"，然后言传身教，给孩子以人格力量。父母的言行直接影响着孩子，正所谓打铁先要自身硬。生活中发生的许多案件都是父母本身不懂法或知法犯法造成的。

二、家庭暴力要不得

有位母亲是在动物园里驯养猴子的，她也用类似驯猴的方法训练儿子，拿一根皮鞭，也不说话，往琴上一指，儿子就像猴子似的用惊恐的目光望着她，爬上了琴凳。当游人去动物园里的猴笼前听她介绍经验时，她说就是打，最好使！孩子和猴子一个样，不打不行。得狠下心来，不狠不行。

家庭暴力是指在家庭关系中发生的一切暴力行为。《中华人民共和国反家庭暴力法》将家庭暴力界定为家庭成员之间以殴打、捆绑、残害、限制人身自由以及经常性谩骂、恐吓等方式实施的身体、精神等侵害行为。按照表现形式划分，可分为身体暴力、情感暴力、性暴力和经济控制；按照受害者类型划分，可分为亲密伴侣暴力、儿童暴力、老年人暴力。家庭暴力在我国乃至全世界都是一个十分严峻的问题。我国许多法律都包含对家庭暴力相关内容的规定，这些法律文件从人权、未成年人保护、弱势群体保护等角度出发，对家庭暴力可能涉及的方面进行了规定和

家庭：好家庭就是好学校

要求，家庭成员一旦遭受家暴，可以向法院申请人身安全保护令，从而避免严重后果的产生。

三、从小培养孩子的规矩意识

一次周末，施先生请一个朋友到家里吃饭。用餐时间到了，施先生两岁的儿子嚷着要吃甜点。于是施先生以小碟子盛了一小份食物给孩子，并告诉他："如果没有乖乖把饭吃完，那就没有任何餐后甜点了。"当日晚餐，美酒佳肴，大人痛快闲聊，年幼的儿子不知何时已不声不响离开餐桌，留下一碟只扒了几口的饭。宴末，施先生的妻子罗女士端出巧克力冰激凌，小孩一见是自己最爱的甜点，露出欣喜的目光，百般央求妈妈分一些解馋。但施先生却丝毫不为所动，只顾招呼客人，而不管孩子的哭闹。对于施先生夫妇的行为，客人觉得不可思议，不过是个两岁的幼童，做父亲的何必如此严厉呢？

一年之后，这个客人再次受邀到施先生家里做客。与一年前相比，小孩发生的改变令客人感到相当吃惊。用餐前，罗女士依然约法三章，只见小孩认真用毕餐盘食物，并征询妈妈同意之后才离开餐桌到角落玩玩具。当天小孩吃到了餐后甜点。施先生对客人解释说："对待小孩，有两个原则：一是事先约法三章；二是事后毫不妥协。"

孩子挨饿，父母心里当然不好受。可是，如果父母自己先违背了规则，那么父母就会在孩子的心里失去威信，孩子也不会形成规则意识，这样，教育孩子就会一次比一次难。其实，教养小孩并不难，难的是父母本身是否能够坚持原则不动摇，这对父母也是一种意志力的考验。在教育孩子的过程中，很多父母常常因为心软、心疼孩子而无法坚守自己制订的规则，这会导致孩子规则意识的缺失，对孩子的成长极为不利。

给孩子立规矩宜早不宜晚。孩子3岁前，父母就要开始培养孩子的规则意识了。美国著名心理学家表示，从小遵守规则的孩子，具有良好的自我控制能力，这与孩子的智力水平发展成正比。研究发现，遵守规则的孩子更容易适应新环境，而屡屡破坏规矩的孩子容易被集体和领导排斥，会成为一个不受欢迎的人。规矩是文明的标志。一个社会是否文明，与每一个公民是否守规矩有很大的关系。所以，在家庭教育过程中，让孩子守规矩非常重要。很难想象，一个从小不守规矩和纪律的孩子长大后会成为一个遵纪守法的人。

四、指导讲义气的孩子遵纪守法

一个周日上午，刚上中学的小玉看见小童、小清和小果几个好朋友怒气冲冲地走过来，就问是怎么回事。"我们要去帮小果报仇。"小童回答。"对，我们去找水果店老板算账！"小清补充说。原来，昨天小果到水果店买水果，不小心碰掉了几个香瓜。这本来只是一件小事，没想到，店老板竟然对着小果破口大骂，还怀疑小果偷东西。"是他把香瓜摆太高了，还怨我，这个老板太可恶了，应该给他一点颜色看看！"小果生气地说明事情的经过。小玉本来不想参与，但是碍于好兄弟的情面，也加入了所谓"复仇"的队伍。他们四人一起来到了那个水果店门口，趁人不备，就开始对着门口两边摆放的水果又敲又砸的，还把木盘和箱子掀翻，然后一哄而散。但是他们没有想到，他们的这些劣行全被马路上安装的监视器拍了下来。

许多青少年学生特别崇尚"江湖义气"，可是，什么才叫义气？帮助朋友解决困难，还是跟着朋友为非作歹？案例中，小玉、小童、小清这几个孩子，为了替好朋友小果讨回公道，竟然砸毁水果店的货物，这样的行为已经触犯了《中华人民共和国刑法》第二百七十五条"故意毁坏财物"的规定，可处三年以下有期徒刑、拘役或罚金。另外，依照我国《中华人民共和国民法通则》的规定："因故意或过失，不法侵害他人之权利者，负损害赔偿责任。"也就是说，四个人应该对水果店老板负起连带损害赔偿责任。《中华人民共和国民法典》规定："无民事行为能力人、限制行为能力人造成他人损害的，由监护人承担民事责任。"由于小玉等四个人属于限制行为能力人，所以，四个人的父母也必须连带对水果店老板负起损害赔偿的责任。

五、要教育孩子善于用法律维护自己的权利

一天晚上，北京某中学的学生丽娜买了东西后，准备回家，可是没走多远，就被商场的几位工作人员拦住了，怀疑她拿了商店里的东西但没有付钱，要搜查她的物品。她一听就急了。"凭什么随便搜查我的包？要搜查可以，但要去派出所，由公安人员来搜查。"丽娜提出了这个条件。可是，就在他们去派出所的路上，几名工作人员又围上来坚持要翻包检查，可是折腾半天，也没有翻到可疑的东西。这种粗鲁野蛮的行为深深地刺伤了少女敏感的自尊心。丽娜坚决要求商场用书面形式公开赔礼道歉，并赔偿精神损失。然而这些要求并未得到商场方面的答复，她只好上告。北京市朝阳区人民法院公开审理，责令这家商场向她公开赔礼道歉，并且赔偿精神损失费6000元。丽娜用法律保护了自己的名声。

现代社会已经成为一个用法律形式表现生活准则的社会，法律是人类文明的象征，是一件保护自己的最有力的武器。不懂得运用法律保护自己的人在社会里将寸步难行，家长要引导孩子增强法律意识，既要学会如何运用法律保护自己，也要懂得如何遵纪守法。让孩子认识到法律的重要性，具备运用法律保护自我的本领，是在现代社会中生存，进而取得成功的必备条件。

第六节 搞好家庭文化建设

家庭文化是指家庭的物质文化与精神文化的总和。家庭文化属于社会科学范畴，指的是一个家庭在世代承续过程中形成和发展起来的，较为稳定的生活方式、生活作风、传统习惯、家庭道德规范以及为人处世之道等。家庭文化是建立在家庭物质生活基础上的家庭精神生活的文化体现，既包括具体的衣食住行等物质生活所体现的文化色彩，也包括文化生活、爱情社会、伦理道德等所体现的精神情操和文化色彩。

一、家族文化的传承

钱家是江苏无锡首屈一指的名门望族，著名国学家钱穆、钱基博、钱钟书，著名科学家钱学森、钱伟长、钱永健（诺贝尔物理学奖获得者），都是这一家的人。无锡钱氏是唐末吴越王钱镠的后代，钱镠后代现在已经散居全国乃至世界各地，人才辈出，号称"一诺奖、二外交家、三科学家、四国学大师、五全国政协副主席、十八两院院士"。据统计，获得院士称号以上的钱姓人士竟有100多人。

类似这样的名门望族之所以能绵延数代，之所以能造就如此

庞大的人才群体，之所以能创造如此丰富的文化成果，不外乎三个因素：一是遗传基因；二是家庭教育；三是家族文化的传承，而且这种传承能够与时俱进。

家族是家庭的综合，相对家庭来讲，家族就是一个小社会。家族文化不同于家庭文化，家族文化一般是指以家族的存在与活动为基础，以家族的认同与强化为特征，注重家族延续与和谐并强调个人服从整体的文化系统。家族文化包括宗法、族规、家训等相关行为规范，祭祖活动等相关仪轨，族徽、族歌、宗祠等相关标志物和物质载体，家族的气质、传统等精神特性。

1. 姓氏文化

家族由姓氏衍生而来，姓产生于原始氏族社会，若干氏族组成一个原始部落，部落内各氏族又独立存在。同时，各氏族之间又有着密切的婚姻联系，姓就作为识别和区分氏族的特定标记符号应运而生。中国最早的姓都带有"女"字，如姬、姜、妫、姒等，可以推断早在母系氏族时期，姓已经形成，是由母权制社会中妇女的地位所决定的，其作用就是便于通婚与鉴别子孙后代的归属。

2. 祠堂文化

祠堂，又称宗祠、祠室、家庙，是基本的族产，是族人祭祀祖先或先贤的场所，是乡土文化的根，是家族的象征和中心。祭祀先祖是祠堂最主要的功能。祠堂除了用来供奉和祭祀祖先外，还具有多种用处：民间收藏、陈列宗谱、助学育才、宣讲学教礼法、讨论族中事务，祠堂又是家族的法庭，还是全族欢庆或娱乐的场所。由此可见，祠堂是一个地域里家族的活动中心。当前在开展社会主义新农村建设进程中，许多祠堂已变身为农村文化室、老人之家、农家书屋等，祠堂以其独特的形式演绎着现代文明。

3. 家谱文化

家住江苏南京的何先生想寻找江苏淮安何氏家谱，期待早些认祖归宗。2013年清明，他在报纸上刊登了自己的"寻亲启事"：曾祖父大约1906年从江苏淮安逃荒到南京，家族堂号是"庐江堂"，希望能找到宗亲。报道刊发之后，何先生陆续找到线索，终圆"寻亲之梦"。"家谱在我曾祖父逃荒时遗失了，同宗的其他人手里还有。"何先生通过自己的堂号，最终找到了家谱，也找到了同一宗族的亲人。

在许多家谱中都有家族制度的极为详细的资料，如家族的组织系统、家族的财产管理、家族的赈济方法等，为我们研究家族在古代社会中的地位、作用、组织形式、管理方法等提供了丰富的资料。家谱的中心部分是家族人口的世系传承，在家谱的"房派图""支派分布图""迁徙图""先世考""世系图"以及家谱的一些序跋中，记录了家族人口的数量、迁徙、分布、婚姻状况等资料，可供人口学研究者使用。

4. 家训文化

家训是指对子孙立身处世、持家治业的教诲，是父母对子女最深沉的嘱托，是先祖对后人最殷切的期待。家训是中国传统文化的重要组成部分，也是家谱中的重要组成部分，它在中国历史

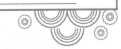

上对个人的修身、齐家发挥着重要的作用。每个家族都有不同的族规家训，流传至今的家训都属于名人家训，均为历代的优秀之作。比较著名的有《颜氏家训》《朱子家训》等。

溱潼古镇是李德仁、李德毅两位院士的故居，故居正屋厅堂正中高悬一块金字匾额，上书"孝德永彰"，这是民国大总统徐世昌褒赠给院士曾祖父李贞发的。"孝德永彰"赞扬了李贞发的精神品德，更体现了李氏家族的优良传统。厅堂西侧墙上悬挂着兄弟二人的照片和事迹图框。李德仁教授是航测、遥感和地理信息方面的专家，中国科学院院士、中国工程院院士；弟弟李德毅是我国军事电子系统的著名专家，现为中国工程院院士、欧亚科学院院士。兄弟二人居然有四院士荣誉，怎不令人肃然起敬？客厅墙上悬挂着《李氏家训》，内容是："爱我中华、兴我家邦、少小勤学、车胤孙康、弦歌雅乐、翰墨传香、尊师益友、孝德永彰、和亲睦邻、扶幼尊长、敬德修业、发奋图强、女工针筻、贤淑贤良、师书共读、兰桂齐芳、扶贫济困、造福一方、克勤克俭、家道隆昌"。

应该说，溱潼李氏家训好记好懂，20句短语包含了修身立德、治学立世的基本规范，是对具有中华民族传统美德的家族的个性化解读。李氏兄弟从小受如此浓郁的家庭文化熏陶，在书香

中成长，日后成为国家栋梁也就不足为怪了。

在古镇上，与李家相邻的是朱家，也是一大户人家。在朱家的老宅院里，很难找到家庭文化的痕迹。从两家的经济实力看，似乎当年朱家比李家更加殷实，但朱家的后代中有成就者与李家一门两院士比，显然逊色了。这其中的原委不言而喻。古人云："最是书香能致远。"书香门第留给子孙后代的是薪火相传的家庭文化魅力。

二、现代家庭装饰文化

孔先生因为喜爱书法，所以偏爱古典文化家居，运用现代装修手法表现中式风格，是他与中式设计师的共识。现代的别墅却偏爱中式的古典装修，现代的生活却怀旧远古的情怀。家具陈设讲究对称，是文化意蕴的传承；配饰擅用字画、古玩、卷轴、盆景，通过这些艺术手段来营造富有诗情画意的空间。餐厅红色的坐垫与红色的中国结点缀着一室的喜庆。因中式家具色彩一般比较深，故窗帘与床头都为红色配饰，这样整个居室色彩显得很协调。中式别墅客厅装修很有书卷气，古朴的红木家具、书法挂画与整体色调非常和谐，客厅空间便凸显出浓厚的文化气息，体现了中国传统家居文化的独特魅力。

把家庭装饰当成一种文化，是现代家庭文化观念物化的结晶，也是把装饰从物质层面提升到文化层面的结果。家庭装饰融入文化元素，可以传达出浓厚的文化气息，营造出典雅的氛围。

三、学习型家庭的建构

林先生一家5口人，家庭美满和睦，夫妻相敬如宾。当你走进林先生家时，首先映入眼帘的是那一排排整齐摆在书架上的书刊和各种学习材料及各式艺术作品，给人的第一感觉就是家庭学习氛围很浓。林先生一家以孩子作为家庭学习的核心，推动全家人树立自主学习、互动学习、终身学习的理念，全家制订了学习计划，开展读书月活动，建立家庭读书角，家庭成员中有的侧重科普，有的侧重文学，有的侧重外语。通过学习，全家人不仅提高了素质，同时也展示了个人的价值，形成了积极向上、互帮互学的氛围。

学习型家庭是培育高素质人才的重要基础，是推动社会道德文明建设的重要力量。知识经济时代呼唤学习型家庭，孩子的发展依赖学习型家庭。学习型家庭是一种文化组织，被誉为21世纪最健康的家庭模式。建构学习型家庭是体现知识经济时代特征和适应学习化社会需要的一种具有前瞻性的社会行动。

四、让家有"文化味儿"

家中的陈设要有"文化味儿"。必要的文化设施自不必说，还要让家中的墙壁、角落都会"说话"，向孩子昭示家庭的文化底蕴。更重要的是，要让书籍成为家庭中不可缺少的"成员"。有些家庭，高档家用电器应有尽有，但书籍却寥若晨星甚至一无所有。这不能不说是一种遗憾、一种缺陷。从一定意义上说，家庭藏书的数量和质量，代表着家庭文化的水平，体现着家庭成员的人生品位。西方一位哲人说过，没有书报的家庭，就好像没有门窗的房子。这话是很有见地的。家庭藏书，对孩子来说，一方面可以为他们提供精神食粮，满足他们的求知欲；另一方面，可以培养他们爱读书、爱学习的良好习惯。

第四章
家庭治理与基层社会治理

党的十九届四中全会提出，推进国家治理体系和治理能力现代化。作为社会最基本单元的家庭，如何更好地参与到治理中，是推进社会治理现代化的一个重要问题。家庭是社会治理的最小单元，是中国共产党探索"中国之治"的重要维度。家庭既是基层社会治理的主要对象又是重要权利主体，既是基层社会治理的手段又是目的。

第一节　修身与齐家

修身是指陶冶身心，涵养德性，修持身性。修身，就是对自己的思想意识和道德品质进行主动的、自觉的锻炼和修正，按照社会道德标准的要求，不断地消除、克制自己内心的各种非道德欲望，努力将自己的品德修养提高到一个尽善尽美的境界。修身是为人立世之本。

一、家长带头修身极为重要

有一对夫妻，他们都是初中文化程度，有三个孩子：一个是博士，一个是硕士，一个是医科大学的高才生。当问起教子经验时，他们说："在单位把工作做好，拿奖状，让孩子学习大人的进取心。父母用积极上进的行动深深影响孩子，孩子在学习上才能舍得下工夫，也去争奖状。大人勤奋工作，年年受奖，孩子在大人的影响下，也勤奋学习，用好成绩回报父母。孩子自愿地、自觉地、自然地学习，不是比灌输式、监督式、训斥式、陪读式更有作用吗？"

聪聪的父亲经常打牌、喝酒抽烟，一输钱就喝酒，一喝酒就回家发脾气，摔东西，与妻子吵架，还时常打骂妻子。在父亲负面的影响下，聪聪也学会了抽烟喝酒，甚至染上了赌博的恶习，成绩一落千丈，经常逃学。父亲教育他时，他却说："你连自己都管不好，还来管我？要我改可以，那你自己先戒烟戒酒戒赌，做个榜样给我看看啊！"

正反两方面的例子说明了家长修身的重要性。父母的积极进取是对孩子最有力的影响，人到中年的父母们的自强不息、网络时代的与时俱进，是每一个为人父母者自我完善的过程。而两代人的共同进步和成长，不论对家庭还是社会，都有积极的意义。

家长对孩子的影响是最直观的。家长是孩子的样子，孩子是家长的镜子。可以说，家长的言行就是孩子最直接的教科书，而且是教育作用最好的范本。孩子的很多习惯都是从父母那里直接"移植"过来的，或者是潜移默化学来的。家长以好的言行为孩子做好的表率，若有不良言行则为孩子做坏的榜样。因此，努力塑造好家长形象，是家庭教育的入口处、关键处。家长应不断提高自身修养，以言传身教影响其他家庭成员，努力健全与完善家庭成员的人格，让"家"真正成为家庭成员的心灵港湾，从而吸引每一位家庭成员注重家庭，关爱家庭。

二、慎独是修身的极高境界

慎独，就是人应该谨慎地对待自己的独处，也就是指在没有任何人监督的情况下，也要按照道德标准，按照最高准则来行事。"慎独"既是一种道德修养方法，更是一种极高的道德境界。

在清朝雍正年间，有位名叫叶存仁的官吏，先后在浙江、安徽、河南等地做官。他当官30多年，却两袖清风，从未收取过任何贿赂。有一次，在他离任升迁时，僚属们派船送行，但船只却迟迟不启程。直到夜半时，才见一叶小舟划来。原来，僚属们为他带来了馈赠礼品，为避人耳目，特意在深夜送来。他们以为叶存仁平日不收礼品，是怕他人知道惹麻烦，而夜深人静之时，神不知鬼不觉，叶存仁一定会收下。谁知，叶存仁见此情景，却挥笔赋诗一首，将礼物退了回去。诗云："月白清风夜半时，扁舟相送故迟迟；感君情重还君赠，不畏人知畏己知。"叶存仁把礼物退回后，轻舟简从，飘然而去。

叶存仁能两袖清风的原因，就是他的严格"慎独"，"不畏人知畏己知"。坚持慎独自律，要从"隐"处下功夫。大家一起工作时，如果你头脑中萌发了某些不正确的念头，一般来说比较容易在行动上进行自我克制和约束，即使在行动上做出了某些错事，也能很快被领导和同事发现，及时给予批评、引导和纠正。所以，人们在有人监督的情况下，坚持道德原则，遵纪守法，相对来说比较容易。但是，在没有组织和他人监督，失去外力约束的情况下，一个人要把任务落实好，工作做到位，就要实行严格的慎独自律，一旦产生了不正确念头要坚决地克服掉。不可否认，正误大多是在无人看见时的一念之间，一念正则证明修身好，一念错则说明修身差。因此，要修身必须慎独。慎独要求人们做到"三个一样"和"三个如一"，即说的做的一个样，有人在与无人在一个样，台上台下一个样；言行如一，心口如一，始终如一。

三、为官不修身就会身败名裂

党员干部要修身，只有谨慎约束自己的言行，才能树立威信，保证政令的畅通。党员干部特别是领导干部手中往往掌握一定的权力，不仅要主动接受组织、制度的监督，而且还要不断加强自律，始终不放纵、不越轨、不逾矩。

刘少奇在《论共产党员的修养》中将"慎独"作为党性修养的有效形式和最高境界加以提倡。他说："即使在他个人独立工作、无人监督、有做各种坏事的可能的时候，他能够'慎独'，不做任何坏事。"党员干部都要努力做到"慎独"。首先，要坚定理想信念，树立明确的政治方向，遵守鲜明的政治原则，珍惜个人的政治生命，以形成内在的"定力"。其次，要时刻反躬自省，就像古人讲的"吾日三省吾身"，自重、自省、自警、自励，洁身自好，存正祛邪，注重修身养德，增强防腐拒变的"免

疫力"。同时，还要办事公开透明。党员干部也是普通的人，难免存在各种弱点，会犯各种错误，而阳光是最好的防腐剂，只要办事讲民主、讲程序、讲纪律，避免暗箱操作、上下其手，就能减少各种诱惑的"渗透力"，拒腐防变才不会成为一句空话。

四、身不修自然家难齐

古人有"修齐治平"的说法，即修身、齐家、治国、平天下，指提高自身修为，管理好家庭，治理好国家，安抚天下百姓苍生。修身、齐家、治国、平天下的关系是互相促进的，但是以修身为基础，所以中国理论以自身修养为主，注重人文关怀。

身修而后家齐，家齐而后国治，国治而后天下平，这是一个具有内在逻辑联系的过程；反过来说，要想平天下得先治国，要治国得先齐家，要齐家必须先修身！

领导干部治家不严的问题应当警惕。从根本上说，治家不严是干部本人修身不够，导致上行下效，全家腐败。领导干部手中的权力是人民赋予的，只能用来为人民谋利益。为小家之私，夺大家之利，既不符合治家之道，更是触犯党纪国法。

古人把"齐家"作为"修身"和"治国"之间的重要一环，"身修而后家齐，家齐而后国治"，身不修肯定家难齐，就更不用说治国了。齐家就是要孝敬父母长者，家庭和睦，爱自己的家庭、配偶、子女，特别是从严管好自己的配偶、子女，共同把家建设成幸福快乐的港湾。

第二节　家庭是社会治理的基石

当今社会，家庭作为社会最基本和最可持续的细胞组织，联结着个人和社会，在基层社会治理中具有重要的功能和作用。众所周知，家庭有两个社会功能：一是生产功能，二是文化功能。而家庭最容易被人忽视、事实上又非常重要的，是它的第三种社会功能——治理功能。"国"与"家"都是治理主体，虽然治理的范围和对象有所不同，但也存在相互影响。

一、家庭是社会治理的客体

王某家中有两个学龄女儿，整个家庭开支全由他一人负担。他在当地一自然村组担任村组长，村组为筹资金，主张将村内的阔叶林大面积出卖，后因监管不力，造成乱砍滥伐，王某被判处三年有期徒刑，缓刑三年。当时他想不通，司法所及时对其进行思想矫正，跟踪谈话，消除其对犯罪认识的不利态度，将其引导至对家庭负责任的认识上来。后来，他正常地干上农活，且购买了农用车在农村跑运输，家庭生活步入了正轨。思想矫正过程中，他曾向工作人员这样说："没有缓刑社区矫正，我坐班房，我的家就完了，两个

女儿是很难保证不辍学的，感谢你们对我的教育。"

政府的帮助让王某担起家庭的责任，也可以说是挽救了他的家庭。家庭作为社会最基本的细胞组织，是基层社会治理的客体和主要对象，没有社会对家庭的治理，家庭特别是特殊家庭就不可能得到良好的发展。基层社会治理是对社区、乡镇村一级的治理，其特点是细、实、杂、难，直接对着人、事、家庭，其中家庭或由家庭带来的困难、矛盾和引起的冲突最多，也往往最不容易解决。家事虽小，却是社会治理扎扎实实的支撑点。所以，处理好家事既可以提高基层社会治理能力，更能突显基层社会治理的特点。不要以为家事都是婆婆妈妈的事，家事涉及家庭的家教家风，影响着社区的公共秩序和文化生态，是基层社会治理的工作重点。如果每个社区都能把所辖的家庭建设好，都能让家长用正确的理念和科学的方法教育孩子，都能弘扬具有社会主义核心价值观的良好家风，那么基层社会治理将会呈现崭新的面貌。

二、家庭是社会治理的主体

基层社会治理的主体是多元的，主要包括各级政府、村"两委"、各类集体经济组织、农民协会、宗族团体、第三部门、家庭、乡村精英等。作为社会最基本单元的家庭，如何更好地参与到治理中，是推进社会治理现代化的一个重要问题。

上海浦东新区周家渡街道以深化"家门口"服务为契机，自2017年起在居民区开展"家庭小党校"建设。近两年来，"家庭小党校"以送学上门、知行统一、党群融合的形式，在楼组层面实现党员教育管理、居民参与动员、民主协商议事、自助互助服务等功能的一体化，夯实了支部工作和居民自治的基础。通过"家庭小党校"项目，周家渡街道从小处入手，牵动了社区治理的大格局。他们的主要做法：一是党课会。以"议"为主，明确每个"家庭小党校"每月至少举办一次党课会，内容包含"三部曲"，即重温入党誓词、共讲党的故事、共议"家长里短"。二是睦邻项目。以"事"为主，把党课会上达成共识又能自治解决的"急难愁盼"问题转化成睦邻项目，以志愿服务的方式实施。三是睦邻团队。以"人"为主，在学习讨论中发现、培育和动员骨干积极分子，组建睦邻志愿服务队。四是提案建议。以"诉"为主，把讨论中发现的突出矛盾，或者有共识但不能自治解决的事项，以提案建议的形式提交给社区乃至街道党组织。"家庭小党校"可以打破党小组和楼组界限，由党员和邻近楼组居民根据地缘、业缘、志缘、趣缘等纽带自主汇集，保证参与有动力。"家庭小党校"有效增强了社区党组织的基层组织力，有效激发了社区事务中的居民自治力。

可以说，"家庭小党校"是一个以家庭为主体的基层社会治理的典范。他们以家庭为依托，以党员为引领的治理经验值得借鉴。

家庭是社会生产生活最基本的单位，也是维护社会秩序的最基础单位。家庭既是社会治理的对象，也是社会治理的主体。家庭治理是现代社会治理的基石，是中国特色社会治理现代化的重要力量。

社会治理体系和社会治理能力现代化有赖于全体人民对社会治理的积极参与，党的十八届三中全会提出要把传统的社会管理上升到社会治理，同时赋予了其新的内涵。基层社区治理的重要目标是推动和培育社区成员当家做主，让社区居民积极主动地参与社区的建设、管理，建立长治久安的秩序，推动社区和谐平稳发展。家庭是社区的基本单元，社区治理应当注重家庭的参与、推进和保障作用，以实现家庭和社区两者的有效互动。因此，在构建社区治理新格局过程中，必须高度重视和充分发挥家庭在社区治理中的主体作用。

基层治理是国家治理体系和治理能力现代化的基石。社会治理是一项系统而持久的工程，离不开每一个小家庭的积极努力。只有充分重视并发挥家庭在社会治理中的积极作用，才能真正实现一切发展为了人民、一切发展依靠人民、一切发展成果由人民共享的伟大目标。

三、家庭治理数字化的尝试

国家"十四五"规划纲要明确提出加快数字化发展，建设数字中国的要求。在此背景下，杭州市妇联按照浙江省妇联相关工作部署，基于已有的"数智群团"工作格局，积极推进家庭治理数字化，进行了一系列有效的实践探索。

2021年5月，杭州市妇联数字驾驶舱在城市大脑正式上线，并接入杭州市"数智群团"系统。该驾驶舱与公安、人社、民政等部门进行数据协同共享，实现全市涉家暴警情数、女性人数等多个数据实时动态展示，初步构建了妇联工作运行新体系。同时，包括萧山区妇联"安心驿站"、富阳区妇联"家和智联"、西湖区妇联"家和帮"、建德市妇联"伊码办"微信小程序、高新区（滨江）妇联"一码解家事"掌上应用平台等在内的一批应用场景被开发出来。而作为在线矛盾纠纷多元化解平台——浙江ODR平台集在线咨询、在线评估、在线调解、在线仲裁、在线诉讼五大功能于一体，管理员、调解员以及当事人均可线上开展工作，实现"人不出户、事不出网"。浙江ODR平台现在已经迭代升级为"浙江解纷码"（线上矛调中心）应用场景。

数字化改革最重要的就是解决传统管理思维与技术赋能支撑间的关系问题。一方面，线上治理依赖于线下精细化治理的颗粒度，尤其是家庭矛盾的排查仍然离不开日常走访。另一方面，数字化促使妇联干部提升数字化能力和素质，具备塑造变革型组织的能力，提高治理的科学化和智能化。

四、基层社会治理要积极发挥村干部的带头作用

"既然组织信任、村民认可，我就不能辜负大家的期望。""只要当一天家，就要踏踏实实做一天事。""村上发展了，我也有价值感、荣誉感，所以干什么都有劲……"

这是采访中，刘朝阳说得最多的几句话。刘朝阳今年44岁，是韶山市韶山乡双石村党总支书记、村委会主任。她2009年进入双石村工作，2017年担任村书记，2020年换届，书记、主任"一肩挑"。几年来，她治村如治家，一步步带领双石村干部群众聚合力、强阵地、抓经济，全村面貌焕然一新，先后获得湘潭市"五星"党支部等荣誉，刘朝阳也获评"湘潭市百好书记""湘潭市优秀党务工作者"。村民们都说："别看刘书记是个女同志，带领村上搞建设、谋发展、优环境、兴教育，还有当双石村这个家，她样样行！"

调查显示，村干部在村庄社会事务中发挥着核心作用。当村民遇到经济困难、土地纠纷、家庭矛盾、邻里纠纷、家族不和、农业技术指导和商业经营困难等生活生产困难时，他们主要求助于村干部。可见，村干部在解决村民困难时发挥着重要作用，甚至与家人和亲戚朋友同等重要。村干部要能够更好地体察民情并及时回应群众的各种诉求，举办和村民切身利益密切相关的集体活动，让村民为自己的事做主，主动关心各种社会事务，激发村民参与社会治理的热情，调动村民积极性。社会治理关系到与人民群众生活直接相关的现实利益问题，包括柴米油盐和冷暖安危等，其重要性远远超出了社会治理实践本身，承载着重要的经济社会政治任务。可见，社会治理不仅是改善人民生活的重要途径，也是提高党和政府政治影响和获取政治认同的重要方法。因此，在农村社会治理中，一定要发挥基层干部的骨干作用，不断提高乡村社会治理水平。

第三节　家庭自治与协同治理

　　家庭自治是以家庭为最小的社会单位和基本责任单位的源头化、网格化的社会治理，它是村民自治的组成部分，是个人自治的自然延伸，是现代社会治理的根基。古今中外，家庭在社会治理中都发挥着基础性的作用，一直受到社会的普遍关注。家庭自治就是要在城乡社区治理、基层公共事务和公益事业中实行群众自我管理、自我服务、自我教育、自我监督。

一、家庭自治的重点是家庭关系的和谐

　　家庭关系是社会关系的基础。现代社会是民主社会，反映在家庭治理中，就是要巧妙地化解家庭危机，构建一种民主平等的家庭关系，实现家庭和睦，让和谐家庭关系成为基层社会治理的"稳定器"。

　　　蔡女士是一位宝妈。结婚8年了，她与丈夫家族之间的关系一直不怎么融洽，她不喜欢公婆，不喜欢丈夫的兄弟姐妹，也不喜欢丈夫的家乡。她特别不愿意回丈夫的老家，平时不想回，过年也不想回。只要可以不回去，做什

么都愿意。她即使跟着丈夫回去了，也是搞得整个家里鸡飞狗跳，一个个黑着脸，年都没法好好过。

由于跟丈夫的家族相处不来，蔡女士跟丈夫的关系也越来越差，以至于到了无话可说、见面黑脸的地步，几乎很少有真正的交流和沟通。私下里，蔡女士已经多次考虑，要如何与丈夫离婚。然而，一次不期而遇的远程学习班，仅仅两天半的时间里，让她彻底变了个样儿。她由衷地说："这是一次震撼心灵的学习。只是两天半的时间，就解决了我和我丈夫以及我丈夫整个家族八年来的矛盾。"

过去，蔡女士的心中只容下了丈夫和两个小孩，其他人都不在考虑范围内。这种狭隘的家庭观，导致夫妻关系越来越紧张。学习之后，她才知道，父母（公婆）是家庭的根，自己、丈夫、孩子都是枝叶。只有根培育好了，丈夫、孩子，还有自己，才能幸福地成长。丈夫背后的大家族，就是孩子们的深根，是滋养孩子成长的动力和源泉。而蔡女士之前的所作所为，相当于费尽全力地想要斩断自己孩子的根，斩断他们力量的源泉。

家和万事兴，家兴福自生。蔡女士知道自己错了，那次学习会茶歇期间，她就抓紧时间发信息给先生，对他说："你什么时候想回老家，我都会陪着你一起回去。"学习会期间，蔡女士从心底接受了自己的先生和他的整个家族。在回家的路上，蔡女士发信息给小叔子、小

姑子一一道歉。回到家里之后，她与婆婆坐在一起，拉着婆婆的手，真诚地、声泪俱下地道歉。婆婆说："昨天，我们永远回不去了。过去的，就让它过去吧！"

蔡女士跟丈夫改善了关系，她还主动让孩子跟爷爷视频聊天，并发照片和视频给爷爷看。以前，她是绝对不会这么做的，不但自己不做，还会阻止孩子跟爷爷打电话聊天。

如今，蔡女士的心变柔软了，还有很多细小的变化，她自己也说不尽、道不完。现在看到周围的一切，都不一样了，因为心不同，最终反映到事上，也就不同。沐浴了阳光的蔡女士，开始竭尽所能地去传播中华文化，帮助更多人去建设自己、建设家庭、成就婚姻、成就事业。

家庭是可以自治的，家庭人际关系是可以建设的，婚姻是需要经营的，裂痕是可以修复的，问题是可以解决的。所以，当家庭出现矛盾时，一定不要放弃，因为推倒重建的代价实在太高，会造成心灵上难以愈合的创伤，也会给家人带来终身的痛苦，甚至是悲剧。

二、家庭自治需要建设文明家庭

李女士与马先生结婚后，勤劳能干，公婆慈爱，她还生下了一个可爱的儿子，这是个幸福之家。然而，生活的不幸却频频降临这个家庭。

马先生有两个弟弟。婚后不久，马先生的三弟得了精神疾病，经过一年多的治疗，病情有所稳定后，马先生的二弟又得了肾上腺肿瘤，李女士两口子又带着二弟到处看病。2012年，马先生年近90岁的父亲去世了。父亲去世的第二天晚上，二弟的妻子在厕所突发晕厥，再也没有醒来。出殡那天，马家一前一后抬出了两副灵柩，而李女士的婆婆遭此打击后一病不起。

弟媳撒手而去，可怜弟媳留下的一双儿女还未成人，而婆婆也病倒在床，生活的重担压在了李女士这个女主人身上。2013年4月，李女士近80岁的婆婆也撒手人寰。李女士又把主要精力放在弟媳去世后留下的12岁的侄女和8岁的侄子身上。侄女在小时候从炕上摔下导致左小腿骨折，行动不便，李女士夫妇带着侄女四处奔波救治。

2017年4月，在市县乡各级领导的支持和帮助下，马先生夫妇领着侄女前往国家康复辅具研究中心附属康复医院治疗，侄女的手术很成功。

好嫂子挑起多舛家庭重担，对侄子侄女视同亲生的事迹感动了金昌大地，感动了中国。马先生与李女士于2016年底被授予"全国文明家庭"荣誉称号。

家庭是承载社会文明的基本单元，其生命力在于每一个家庭成员的相互关怀、相互包容与理解。一个和谐美满的幸福家庭会成为我们每一个人依赖的港湾，成为我们每一个人事业奋斗的依托。家庭文明对家庭成员的健康成长有着直接、持久、潜移默化的影响。家庭和睦则社会安定，家庭幸福则社会祥和，家庭文明则社会文明。我们要认识到，千家万户都好，国家才能好，民族才能好。

三、家庭自治需要加强伦理道德建设

曹奶奶今年已经84岁高龄，育有三子一女，丈夫已去世多年，现一个人独居生活，身体越来越差。2015年，三个儿子就曾因赡养老人发生纠纷，在亲属调解下，三个儿子签订了赡养协议。2020年，曹奶奶被查出患有肺癌，每月需服用价格高昂的药物。三个儿子再次为赡养老人发生纠纷，经当地人民调解委员会调解，三个儿子达成了赡养协议，但此协议仅履行了两个月，小儿子就不愿意了。2021年8月，面临断药的曹奶奶不得不诉至法院要求四子女承担赡养费。

法院审理判定：二儿子、三儿子每人每月各支付赡养费2000元；大儿子与女儿每人每月各支付赡养费200元，并由大儿子负责照顾曹奶奶的日常生活及护理。

当今社会，不孝的事例仍屡见不鲜，这让人不得不再强调家庭伦理道德的重要性。谁都知道，孝顺父母是为人子女基本的伦理人常，是传统美德。我们要继承和发扬古代家庭的光荣传统，用社会主义核心价值观引领家庭风尚，促进家庭和睦，促进亲人相亲相爱，促进下一代健康成长，促进老年人老有所养，使千千万万个家庭成为国家发展、民族进步、社会和谐的重要基点。

四、家庭需要社会协同治理

在现代社会，家庭治理已不再是传统的家长式治理，而是融多元主体于一身的协同治理。从家庭角度看，在协同治理的多元主体中，最方便有效的协同就是"家校同盟"。

李女士不仅是学校教师，还是一位家庭教育指导师，她很擅长把家长拉入"家校同盟"，孩子身上有了缺点，她从来不以所谓的师长身份居高临下地找家长训话，而是和蔼可亲地与家长一道分析原因，寻找解决方法。对于一些露出早恋苗头的学生，李老师会坦率地把她看到的现象与家长沟通，请他们一起观察留意，协助她做好工作。比如，她会请家长了解孩子回家的时间，留意孩子在家打电话的内容等。但她同时也会细心地提醒家长，不要在没有弄清事情真相的情况下，责怪和打骂孩子。家长们都十分乐意与李老师说真心话。李老师还通过"家校同盟"积极进行家庭教育指导，参与家庭治理，成为家长的好参谋，达到了协同治理的目的。李老师的做法赢得了家长们的尊重，密切了家校关系，提升了家庭教育和学校教育的质量。

协同治理的前提就是治理主体的多元化。治理主体不仅指政府组织，也包括民间组织、企业、家庭、学校以及公民个人在内的社会组织和行为体，这些组织和行为体都可以参与社会公共事务治理。协同治理就是寻求有效治理结构的过程，这一过程更多的是强调各个组织和行为体之间的协作，以实现整体大于部分之和的效果。

第四节　家庭治理与家国情怀

　　家国情怀是中华传统文化的精髓所在。家国情怀，一方面强调一个人要爱国，要为国效力；另一方面也说明要想报效国家，必须先管理好自己的家庭。家国情怀是一个人对自己的祖国和人民所表现出来的深情大爱，是对国家富强、人民幸福所展现出来的理想追求，是对自己国家的一种高度认同感和归属感、责任感、使命感的体现，是一种深层次的文化心理密码。

一、家国情怀中最根本的情怀是尽孝

　　"感动中国十大人物"之一的孟佩杰有着一个不幸的童年：5岁时父亲去世，母亲重病，无奈将她送人收养，不久生母去世；5岁的孟佩杰由养母刘芳英照顾，三年后养母刘芳英因病瘫痪，不久，养父不堪生活压力离家出走，此后杳无音讯。

　　8岁的孟佩杰开始为生计而操劳，承担起侍奉瘫痪养母的重任。每个月两人就靠养母微薄的病退工资生活，每天在上学之余要买菜做饭，替养母洗漱梳头、换洗尿布、为全身涂抹药膏。孟佩杰一直悉心照料养母，不离不弃。2009年，孟佩杰被距离家乡百余公里的山西师范大学临汾学院录取，不放心养母的她决定带着母亲上大学，在学校附近租了房子，继续悉心照料着养母，被网友评为"临汾最美女孩"。2010年孟佩杰成为临汾市年龄最小的"十佳道德模范"，还被山西电视台评为"2010年十大记忆人物"。2012年2月3日，获得"感动中国2011年度人物"荣誉称号。

她的颁奖辞是这样写的：在贫困中，她任劳任怨，乐观开朗，用青春的朝气驱赶种种不幸；在艰难里，她无怨无悔，坚守清贫，让传统的孝道充满着每个细节。虽然艰辛填满了四千多个日子，可是她的笑容依然灿烂如花。

孝老爱亲是中华民族的优良传统，也是家庭治理的基础环节，只有把家庭治理好，使人拥有和睦的家庭、浓厚的亲情并恪守孝道，才能为国家安定提供坚实的基础。当然，家国情怀绝不是仅仅将眼光放在"家"里，它还要求人们胸怀天下，济世安民，若要做到这一点，孝道治家是起点。

二、家国情怀中最重要的情怀是爱国

《汉书·苏武传》中记载，公元前100年，汉武帝正想出兵去攻打匈奴，匈奴派使者来求和了，还把汉朝

的使者都放了回来。汉武帝为了表示友好，派中郎将苏武拿着使节，出使匈奴，然而苏武却被匈奴扣留。匈奴单于软硬兼施劝其投降，苏武始终没有屈服。于是，匈奴就把苏武囚禁起来，不给他吃喝，天下大雪，苏武把雪同毡毛一起吞下充饥，几日不死，匈奴又把苏武迁移到北海边没有人烟的地方，让他放牧公羊，说等到公羊生了小羊才能回归汉朝。苏武毫不动摇，他历尽艰辛，持节不屈，彰显了民族气节，在苦寒之地坚守19年后最终得以回归祖国。苏武出使时才刚40岁，在匈奴受了19年折磨，胡须、头发全白了。

苏武的故事流传了一辈又一辈，激励着一代又一代华夏儿女，人们把他视为"忠贞"的化身、"气节"的代名词。苏武是一个有民族气节的大丈夫，是一个宁折不弯、宁死不屈的爱国典范，他是中华民族的骄傲，是永垂不朽的榜样！苏武的民族气节和爱国情怀是值得我们学习的，他是民族的脊梁。任何民族对这样的人物，都会崇敬有加。我们作为中华民族的子孙要学苏武、做苏武，要像他那样爱国。爱国，不是一句口号；爱国，是一种坚定的民族精神，是一种振兴中华的责任感。爱祖国包括：爱祖国大好河山、悠久历史、灿烂文化、优良传统、各族人民、自己家乡。从古至今，是否爱国，成为中国人道德体系中衡量、评价一个人的最重要、最根本的标准。

三、家国情怀体现为一种时代责任

"时代楷模""感动中国2018年度人物"开山岛守岛英雄王继才和妻子王仕花自1986年7月起，克服常人难以想象的困难，守卫孤岛整整32个年头（截至2018年，这一年王继才去世）。他在艰苦卓绝的困难面前不低头，在邪恶势力面前更表现出了一位守岛卫士的凛然正气。一朝上岛，一生卫国。他说："我是民，也是兵，身为民要守护家园，作为兵要保卫祖国。我只是尽了一个民兵的基本义务。"枯燥、孤独、无助……可王继才夫妇几十年如一日守着小岛，升旗、巡岛、观天象、护航标、写日志……生前，王继才常说："我要永远守在开山岛，守到守不动为止！"

2019年9月17日，国家主席习近平签署主席令，授予王继才"人民楷模"国家荣誉称号。

使命意识、责任担当是家国情怀的生命力所在。家国情怀需要我们爱国、奉献、担当、作为，在日常工作生活中不断升华爱国奋斗精神。家国情怀强调国家、民族利益高于个人利益，在国家、民族的利益与家庭、个人的利益发生冲突的时候，要取国家、民族的利益而舍家庭、个人的利益。

四、家国情怀中的家庭志愿者服务

双塔街道第五联合工作站自成立"交通站"以来，努力搭建志愿服务平台，把志愿服务做进社区、做进家庭，增进邻里感情，传承中华民族邻里互助和睦相处的传统美德，形成与邻为善、与邻相助、和睦相处的良好风尚，让社区真正成为"邻里一家亲"的和谐大家庭。

交通站的志愿者根据辖区居民的不同状况和生活特点，开展代理代办的贴心上门服务，即困难上门帮助、意见上门听取、生病上门看望、重大节日上门慰问，为居民送温暖、解民忧、排民难。志愿者将自己的电话号码印在"爱心连心卡"上，发放到社区居民手中，便于居民日常联系和紧急求助。

家住杨枝新村的王女士是一位视力一级残疾人士，一直未婚，家中父母过世多年，随着自身年龄的增长，她对日常生活越来越力不从心，站长程丽莉在了解情况后，及时和志愿者上门探望，在交谈中对于王女士的需求及生活中遇到的困难也一一记录在案，通过方案探讨和实际情况考察，最后程站长安排志愿者每月为王女士上门理发一次，每周为其打扫卫生，采购生活必需品，解决生活实际困难。

交通站的志愿者既是居民生活上的"服务员""代办员"，又是情感上的"沟通员"、精神上的"慰藉

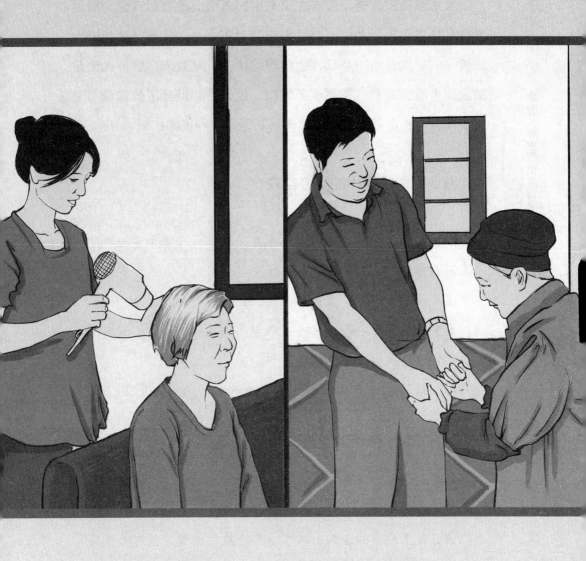

员"，为辖区居民送去了温暖，温暖了居民的心。

家庭志愿服务能将蕴含在家庭中的志愿服务资源转化为满足家庭自身建设需要和社区居民需求的现实力量，实现受助与助人的统一、家庭自治与基层社会治理的统一。家庭志愿服务无论是对家庭志愿者自身、志愿服务组织，还是对和谐社区的建设乃至整个社会的稳定都有益处，体现了利国利家利民的家国情怀。

五、家国情怀中的社会帮扶

在双溪口乡某座大山的深处，坐落着几栋由黄泥和石头搭成的古老房屋，屋主李先生一家四口人已经在这里生活几十年了，用他的话说，住在这里，就好像和外界失去了联系一般，只有一眼望不到尽头的山沟，还有世代逃不脱的贫穷。

缙云地处东南丘陵，和丽水大部分地区一样山多树多，许多人从小生在山里，长在山里，对于他们来说，外面的世界是陌生的、隔离的，纵使有出去看看的意愿，交通与信息的不便也会成为很大的阻力。可是，精准扶贫的目的便是让所有低收入农户享受到国家的政策，走上脱贫的道路，共享全面小康的成果。扶贫攻坚一个也不能少，是新时期扶贫工作的根本要求。

2014年，县扶贫办为家住深山的李先生带去了一头小牛崽和一只小羊崽，到现在，李先生家里已经有35头牛和27只羊了。

在县扶贫办走访过程中，李先生拿出了一沓收据，上面写的是2017年扩大养殖场支出材料等物品的清单，这些费用共计29000多元，都是由财政专项扶贫资金补助的。这几年，李先生每年至少能卖20多头牛和羊，净利润在4至5万元之间，不仅生活改善了许多，也让唯一的儿子有了去外面读书的机会。对于接下来的日子，李先生和妻子满是憧憬，他们希望在自己的努力下，继续扩大养殖规模，提高养殖技术，让生活更加红火起来。

社会帮扶工作是指动员全社会关心、支持、参与扶贫开发，是中国特色扶贫开发工作的重要组成部分。社会帮扶是缓解和消除贫困，最终实现共同富裕的社会主义的本质要求，是全面建设小康社会、构建社会主义和谐社会的应有之义，也是建设社会主义新农村的重要举措，更是家庭治理和基层社会治理的难点。

第五节　家庭治理与家规家法

俗话说："国有国法，家有家规。"家法，是指调整家族或者家庭内部成员人身以及财产关系的一种规范。家法并没有一定的规定，每个家族都有不同的家法。家法一词，如今虽然非常陌生了，但是治理家庭我们要继承古代家法中的精华，赋予"家法"以新的时代内涵。

家规是家庭中的规矩，是指一个家庭所规定的行为规范，通常是由一个家族所遗传下来的教育规范后代子孙的行为准则。家规是治家教子、修身处世的重要载体，是中华民族传统文化的重要内容。

一、家规家法是古代家庭治理的有力武器

我国历史上有这样一个传奇的家族，后裔遍及海内外。唐宋时期出了3名宰相、18位朝官、29位京官、58位进士，当时号称天下第一家。至近现代，这个家族又走出了共产党领导人陈独秀、陈潭秋、陈毅、陈云、陈赓、陈昌浩、陈再道、陈锡联、陈丕显等，国民政府高官和将领陈果夫、陈立夫、陈诚、陈布雷等以及学者陈

寅恪。这个家族就是江州义门陈氏。

随着家族日益壮大，人口不断增多，义门陈氏第三任家长陈崇意识到，家族要想持续保持兴旺，就必须加强对族人的管理。在总结先辈治家经验的基础上，陈崇不断完善家法家规，主持制订了《义门家法三十三条》《家训十六条》和《家范十二则》，全面具体地规范家族成员的行为。为保证家规家训得到切实执行，陈崇专门建了一个执行家法的场所——刑杖厅，表明"凡弟子有过，必受家法严惩"的决心。

刑杖厅建成不久，义门陈氏一处田庄的庄首陈魁，从家族库司领了30两库银到江州去办事。办完事后，陈魁看到一伙人在赌博，一时手痒就拿出剩下的3两银子跟着一起赌。谁知第一次赌博的陈魁竟然运气极好，不到一个时辰就赢了35两。回到家后，他将赢来的35两银子和剩余的3两库银一并缴还了库司。没过多久，陈崇查检田庄账册时发现了这一问题。赌博是义门陈氏家规中明确禁止的，即使没有把赢来的钱纳入私囊也不被允许。第二天，邀请族中的长辈、各田庄的庄首到刑杖厅后，陈崇便命令庄丁把陈魁反扣双手绑进来受罚。念在陈魁初犯家法，且未将不义之财收入私囊，为儆效尤，行杖一十五下。此事很快一传十、十传百，义门陈氏的子弟都知道家法森严，刑罚无情，再也不敢违背。

家庭：好家庭就是好学校

在古代的世家里，当孩子犯了大错，家人会请族人聚集在一起，家长会说"请家法"，对孩子进行责罚，非常严格，甚至残酷。对于家法，即便是家里的族长也是非常尊敬的，而执行家法的通常是木制的棍棒，还有木板或者竹板（主要用来打手心，称为"打手板"）。

选择棍棒教育的缘由绝不仅仅因为棍棒打人更痛，这里面有两层含义：一是表明，打你的是规则而不是父母，你挨打是因为触犯了规矩而不是因为触怒了父母；二是显示，这个象征着规矩的"杖"是在父母之上的，孩子应当敬畏的主要是规矩，而不仅仅是父母。

二、制订家规是现代家庭治理的需要

治理国家需要国法，同样，治理家庭需要家规。家规可以分为两类：一类是针对全家人的，主要是针对家长的，是家庭"公约"，人人都应该遵守；另一类是针对孩子的，是家长用守则的形式来约束儿女的行为，针对孩子的家规要适合孩子的年龄特点，不能成人化。

1. 为孩子制订的家规

为孩子制订家规应该包括以下几个方面内容：一是教育孩子学会做人。家规中尊敬师长、礼貌待人、诚实守信，这些做人的基本准则不能少；二是在学习方面有规定。如，上课认真听讲，按时完成作业，养成好好学习的习惯等；三是生活方面的规定，如，自己的事情自己做，帮助父母做家务等；四是规定孩子必须

遵守社会公德。如，不乱扔垃圾，不随地吐痰，不乱写乱画，要爱护公物，爱护花草树木等；五是勇于改正自己的错误；六是遵纪守法，遵守学校规章制度，遵守交通规则等；七是遇到困难积极乐观面对，不怕挫折，自立自强；八是不要以自我为中心，与人相处要懂得谦让，学会替他人着想，等等。

2. 为家长制订的岗位责任制

在家庭教育和生活中，要想让孩子遵守规则，家长不仅要给孩子立规矩，还要给自己立规矩，而且必须自己先做到，给孩子树立一个好的榜样。为家长制订规则要抓住主要项目，如：要多使唤孩子，不要什么事都替孩子做；孩子有错先从自身找原因；教育孩子必须以身作则；不打骂孩子；等等。

常言道："无规矩不成方圆。"没有"公约"只针对孩子的家规就难以执行，因为孩子会觉得不公平。在家庭生活中，要想让孩子遵守规则，家长不仅要给孩子立规矩，还要给自己立规矩，而且必须自己先做到，给孩子树立一个好的榜样。制订家规要全家人共同协商研究，特别要尊重孩子的意见。当规则变成全家人的行为规范，不再只针对孩子时，遵守规则就会变成一件很自然的事。谁都知道，家规制订容易执行难，家规如果制订了，就一定要认真地去执行，要不然，还不如没有。

家庭：好家庭就是好学校

第六节　家庭德治与法治

德治是中国古代的治国理论，是儒家学说倡导的一种道德规范和政治主张。道德是内心的法律，法律是成文的道德。比起法治，德治更具有基础性和前提性。德治是社会治理的一个重要方式，与自治、法治构成中国社会治理的规范和制度体系。家庭治理需要德治与法治相结合，需要法律和道德协同发力，引导社会成员形成爱党爱国、爱人民、爱中华民族、尊老爱幼、男女平等、夫妻和睦、勤俭持家、邻里团结的理念和风尚。

一、古代以德治家的典范

被朱元璋赐以"江南第一家"美称并在此后屡受旌表的郑氏家族，因其孝义治家的大家庭模式和传世家训《郑氏规范》，奠定了它在中国传统家训教化史上的重要地位。

《郑氏规范》是一部我国古代罕见的相当完备的家庭法典。其精华有三：一是厚人伦，崇尚孝顺父母、兄弟恭让、勤劳俭朴的持家原则；二是美教化，注重教育，且教子有方；三是讲廉政，从家庭角度制约为官者"奉公勤政，毋蹈贪黩"。郑氏一门还曾根据儒家伦理哲学提出过一些

具有普遍意义的"公共生活原则"，像"和为贵""善施与""己所不欲，勿施于人"的人际关系原则等。由于郑氏家规对在朝为官的郑氏子弟要求尤其严格，所以郑氏在宋元明清共有173人做官，最高做到了礼部尚书，却没出一个贪官。"江南第一家"也被浙江省纪律检查委员会评选为"首届全省10个廉政文化教育基地"之一。

《郑氏规范》同样也影响着现代的郑宅人，在郑宅镇枣园村，家家户户外墙都涂白漆，村"两委"结合新农村建设，为外墙添了有着浓郁浦江农村书画特色的外衣。内容则是结合"江南第一家"的特色，精选了《郑氏规范》中"子孙当以和待乡曲，宁我容人，毋使人容我，切不可先操忿人之心；若累相凌逼，进退不已者，当理直之……"等数十条有现实教育意义的家规。不仅原先乱涂乱画的"牛皮癣"没了，而且对于教育村民如何做人、尊师、为官等都有告诫和启示，为和谐社会的创建营造了良好的氛围。

二、现代以德治家的楷模

钟先生一家以"德"字当头，自觉遵守党纪政纪和国家法律法规，树立正确的是非观和价值观，模范遵守社会公德、职业道德和家庭美德，热心社会公益事业，真正做到了以德治家，因此，在左邻右舍中具有良好的口碑。钟先生常说："当官是一时的，做人才是一世的，领导干部

要当好官，首先就要着力构建和谐的家庭关系，在家中做一个'大写'的人。"钟先生的家庭，每个家庭成员都能够严格遵守单位、学校的规章制度，大人工作表现突出，孩子学习成绩优秀。健康向上的生活方式，使得这个家庭夫妻和睦、尊老爱幼、勤俭持家、团结邻里。用"身廉一世清，家和万事兴"来形容钟先生一家，一点也不过分。

钟先生手中掌握着一定的权力，但他总以公仆自居，始终坚持原则，秉公办事，自觉抵制各种诱惑，用实际行动把好家门，拒绝腐败。钟先生的家人也都能常思贪欲之害，常怀律己之心，做到洁身自好，拒腐不沾。尤其是妻子对丈夫常吹家庭"廉政风"，管好家庭"廉政账"，她时刻牢记"公生明，廉生威"的古训，帮助丈夫把好廉洁自律这道关。

这个家庭平时注意家庭成员的地位平等，彼此之间相互关爱，经常沟通，建立了密切的家庭关系。钟先生在处理事业与家庭关系时，坚持把握三点：一是用权尽可能避嫌，减少家庭对行使公共权力的影响；二是处事尽可能周全，谨防家庭小事酿成大祸；三是对待家人尽可能严格，避免关爱变成祸害。

钟先生可谓以德治家的楷模。以德治家首先是要以德立家，而以德立家最重要的是一家之长在道德方面的表率作用和开创作用。一家之长一定要端正自己的言行，因为那是榜样的力量。家庭其他成员

也要规范自己的行为，因为正面的会在家庭内交相辉映，负面的就会发生交叉感染。以德治家，领导干部要率先垂范，坚持高标准、严要求，始终做到慎权、慎微、慎独、慎言、慎行，克己奉公、严于律己、廉洁从政、不徇私情，以此引导家人始终安分守己、本分做人。

三、以德治家必须立德树人

叶女士说，女儿潇潇懂事时，我特别注意培养她良好的思想品德，如，上街时吃剩的果皮和冰棍棒都让她亲手送到垃圾箱里，从不随意往地上乱扔。小时候，乘坐公共汽车，当别人给她让座时，每次我都要求她说声谢谢；长大后，乘公共汽车时，她多次让座给老、幼、病、残、孕妇。潇潇生活朴素，不挑吃穿，不乱花钱，从不刁难父母。

潇潇上小学以后，我主要是培养她的志向，使她懂得从小有志气，才能实现自己对未来发展的美好设想。潇潇从上初中开始就非常关心国家大事，节假日回家积极买报纸看，看中央电视台新闻联播。所以在初中三年中，政治考试成绩从不低于90分，最高达到99分。潇潇期中考试和期末考试多次获得全年级第一名，多次获得中学生省级、国家级数学联赛、信息学等竞赛奖项。

叶女士在教育女儿时，把道德教育放在第一位，使女儿拥有良好的道德品质，拥有积极向上的精神面貌，做到了德才兼备，全面发展。

立德树人是教育的根本任务。因此，作为家长，必须把好家庭德育这一关，防止道德在家庭滑坡。一般来说，立德树人就是以德立身，培养真人——真正的人。"立德"首先要在家中立，"树人"也必须先在家中树。因为家庭教育是根性教育，一个人成人在家庭，成才在学校，成功在社会。

四、家庭法治教育的重点是管好成年人

"一人当官，全家腐败""贪腐夫妻档，捞钱父子兵，以权谋私亲兄弟"，近年来，家庭式腐败已非个例，几乎每一个官员落马后，都被查出有家庭成员或家族成员牵涉其中。敛财时丧心病狂，全家齐上阵，殊不知一损俱损，到最后一家人都被送进牢门，悔之晚矣。

家庭式腐败的本质是将公共权力私有化、家庭化或家族化。不少人总是习惯于将板子打在"贪内助"或"逆子"身上，一些贪官在受审时也抱怨妻子或子女拖后腿。但这种观点经不起推敲，一个显而易见的常识是，掌权的如果严于律己，家人自然不敢乱来。因此，遏制家庭式腐败，必先拿家庭中的当权者开刀，要想整个家庭都遵纪守法，家里的主心骨尤其不能胡作非为，而应该带好头。

五、家庭法治教育的难点是教育未成年人

一个8岁的孩子与同学打架，回家后大哭。爸爸问

他："你很委屈，很生气吗？"孩子说："嗯，我要报仇。"爸爸又问："那你打算怎么做呢？""找根棍子，不行，我要像电视里一样，用剑刺他。""好，这样很解气，爸爸帮你准备一下。"过了一会儿，爸爸抱着衣服和被子下楼。孩子一脸惊讶："你怎么拿这么多衣服？"爸爸回答："如果用棍子呢，你会被带到少管所，至少要住上1个月，所以要给你带换洗衣服；如果用剑的话，就要待很长时间，肯定得准备被子啊！"孩子红着脸说："真的会这样吗？"爸爸回答："嗯，法律规定是这样的。""那我们算了吧。""可是，你不是很生气吗？""其实我也有错，我不生气了，我去跟他道歉。""好，爸爸支持你。"

这一段父子对话反映了孩子被打后想要报复的情况，也反映了家长不留痕迹的法治教育艺术。家庭法治教育的重要性毋庸置疑，而如何教育才是值得研究的问题，也是难点所在，如果没有良好的教育方式方法，则教育效果就会大打折扣。总体来说，对孩子进行法治教育，家长首先要加强自身法治修养，给孩子树立好的榜样；要创造良好的条件和环境；要从小抓起，给孩子正确引导，放弃和改变无效或不良的教育方法；要与老师合作，共同帮助孩子建立正确的行为准则，提高孩子的法律观念和意识，让孩子学会保护自己，在人生的道路上健康成长。